TRAUNER VERLAG

BILDUNG

Bildung,
die begeistert!

Formel-
sammlung

Mathematik

FRIEDRICH TINHOF

WOLFGANG FISCHER

KATHRIN GERSTENDORF

HELMUT GIRLINGER

THERESIA KLONNER

MARKUS PAUL

Unter Mitarbeit von

PETER FISCHER

HAK	HLW
BAFEP	BASOP
HLM	HLK
HLT	LW

PEFC

PEFC/06-39-364/05

Lektorat/Produktmanagement: MMag. Wolfgang Jungwirth
Titelgestaltung: Bettina Victor
Gestaltung und Grafik:
Peter Mittermayr
© Bildrecht GmbH/Wien
Gesamtherstellung:
TRAUNER Druck GmbH & Co KG

ISBN 978-3-99033-486-7
Schulbuch-Nr. 175.746
ISBN 978-3-99033-684-7
Schulbuch-Nr. Kombi E-Book 176.811
www.trauner.at

Impressum

Tinhof u. a., Formelsammlung Mathematik
1. Auflage 2015, Nachdruck 2019
Schulbuch-Nr. 175.746
Schulbuch-Nr. Kombi E-Book 176.811
TRAUNER Verlag, Linz

Das Autorenteam

OStR. Mag. Friedrich Tinhof,
Bundeshandelsakademie Eisenstadt, ehem. Bundes-ARGE-Leiter Mathematik HAK, ARGE-Leiter Mathematik Burgenland, Vortragender an der PH Burgenland

Mag. Dipl.-Ing. Wolfgang Fischer,
Bundeshandelsakademie Rohrbach, Multiplikator im Bereich standardisierte Reife- und Diplomprüfung aus angewandter Mathematik an BHS

Mag. Kathrin Gerstendorf,
Bundeshandelsakademie Landeck, Item-Writerin für die mündliche Kompensationsprüfung in Mathematik, Verfasserin von Übungsaufgaben für die Handelsakademie am BMBWF, ARGE-Leiterin Mathematik Tirol

OStR. Mag. Helmut Girlinger,
Lehrer i. R. an der höheren Bundeslehranstalt für wirtschaftliche Berufe Rohrbach, Trainer, Prüfer und Mehrfach-Vorsitzender bei Berufsreifeprüfungen, Testadministrator für das BMBWF

Mag. Theresia Klonner,
Bundesbildungsanstalt für Sozial- und Elementarpädagogik St. Pölten, Verfasserin von Übungsaufgaben für die BAFEP am BMBWF, Testadministratorin für das BMBWF

Mag. Dr. Markus Paul,
Bundeshandelsakademie Innsbruck, Item-Writer für die standardisierte, kompetenzorientierte Reife- und Diplomprüfung, langjähriger ARGE-Leiter Mathematik Tirol

Approbiert für den Unterrichtsgebrauch

an Handelsakademien, Höheren Lehranstalten für wirtschaftliche Berufe, für Mode, für künstlerische Gestaltung, für Tourismus, Bildungsanstalten für Elemtar- und Sozialpädagogik, Höheren land- und forstwirtschaftlichen Lehranstalten
Bundesministerium für Bildung, GZ 5.048/0015-B/8/2015 vom 17. September 2015, GZ 5.048/0014-IT/3/2017 vom 7. August 2017.

Inhaltsverzeichnis

Aussagenlogik

Begriff	Beschreibung
Aussage	Eine **Aussage** ist ein Satz, der entweder wahr oder falsch ist. **Wahr** und **falsch** heißen Wahrheitswerte, die mit **w** und **f** bezeichnet werden.
Variable	Eine **Variable** ist ein Platzhalter.
Aussageform	Eine **Aussageform** ist ein Satz, der eine Variable enthält.

Begriff	Beschreibung	Wahrheitstafel		
Negation	Die **Negation** $\neg$ **P** der Aussage P ist diejenige Aussage, die falsch ist, wenn P wahr ist, und die wahr ist, wenn P falsch ist.	**Aussage** P		**Negation** $\neg$ P
		w		f
		f		w
Konjunktion	Die **Konjunktion P $\wedge$ Q,** die Und-Verknüpfung zweier Aussagen P, Q, ist nur dann wahr, wenn beide Aussagen wahr sind.	P	Q	P $\wedge$ Q
		w	w	w
		w	f	f
		f	w	f
		f	f	f
Disjunktion	Die **Disjunktion P $\vee$ Q,** die Oder-Verknüpfung zweier Aussagen P, Q, ist nur dann falsch, wenn beide Aussagen falsch sind.	P	Q	P $\vee$ Q
		w	w	w
		w	f	w
		f	w	w
		f	f	f
Implikation	Die **Implikation P $\Rightarrow$ Q** zweier Aussagen P, Q, ist nur dann falsch, wenn aus Wahrem Falsches folgt.	P	Q	P $\Rightarrow$ Q
		w	w	w
		w	f	f
		f	w	w
		f	f	w
Äquivalenz	Die **Äquivalenz P $\Leftrightarrow$ Q** zweier Aussagen P, Q, ist genau dann wahr, wenn die Wahrheitswerte der beiden Aussagen übereinstimmen.	P	Q	P $\Leftrightarrow$ Q
		w	w	w
		w	f	f
		f	w	f
		f	f	w

Mengenlehre

Begriff	Beschreibung
Menge	Eine **Menge** ist eine Gesamtheit von **unterscheidbaren** Objekten.
Element	$a \in A$ „a ist ein Element der Menge A" $b \notin A$ „b ist kein Element der Menge A"

Mächtigkeit	$|A|$	Anzahl der unterscheidbaren Elemente einer Menge A
Leere Menge	{}	die Menge, die **kein** Element enthält
	Die **Mächtigkeit** der leeren Menge ist 0.	
	$\{\} \neq \{0\};\quad |\{\}| = 0;\quad |\{0\}| = 1$	
Gleichheit von Mengen	A = B	Die Menge A ist **gleich** der Menge B, wenn genau dieselben Elemente, die der Menge A angehören, auch der Menge B angehören.

Begriff	Beschreibung	Darstellung
Teilmenge	$A \subseteq G$ Eine Menge A heißt **Teilmenge** der Menge G, wenn jedes Element von A auch Element von G ist. $\{\} \subseteq G$ Die leere Menge ist Teilmenge jeder Menge. $G \subseteq G$ Jede Menge ist Teilmenge von sich selbst.	
Durchschnitts- menge	$A \cap B = \{x \mid (x \in A) \land (x \in B)\}$ Die **Durchschnittsmenge** zweier Mengen A und B ist die Menge der Elemente, die **sowohl** der Menge A **als auch** der Menge B angehören.	
Elementfremde Mengen	$A \cap B = \{\}$ Die Mengen A und B heißen **elementfremd,** wenn sie kein gemeinsames Element aufweisen.	
Vereinigungs- menge	$A \cup B = \{x \mid (x \in A) \lor (x \in B)\}$ Die **Vereinigungsmenge** zweier Mengen A und B ist die Menge aller Elemente, die der Menge A **oder** der Menge B (**oder beiden** Mengen) angehören. $A \cup B = B \cup A$	
Differenzmenge	$A \setminus B = \{x \mid (x \in A) \land (x \notin B)\}$ Die **Differenzmenge A ohne B** der Mengen A und B ist die Menge der Elemente, die der Menge A **angehören, aber nicht** der Menge B.	

Komplementär-menge	$C_G A = G \setminus A = \{x \mid (x \in G) \wedge (x \notin A)\}$ Für $A \subseteq G$ heißt die Differenzmenge $G \setminus A$ die **Komplementärmenge** von A in Bezug auf die Grundmenge G. $C_G\{\} = G; \quad C_G G = \{\}$ Alternative Schreibweisen: $\overline{A}$, A' oder A^C	
Produktmenge	$A \times B = \{(a\mid b) \mid (a \in A) \wedge (b \in B)\}$ Die **Produktmenge** A kreuz B der Mengen A und B ist die Menge der geordneten Paare $(a\mid b)$ mit $a \in A$ und $b \in B$. $A \times B \neq B \times A$	geordnetes Paar $(a\mid b)$

Zahlenmengen

Menge der natürlichen Zahlen

Begriff	Beschreibung				
Menge der natürlichen Zahlen	$\mathbb{N} = \{0, 1, 2, 3, \ldots\}$ $\mathbb{N}^* = \mathbb{N} \setminus \{0\} = \{1, 2, 3, \ldots\}$ $\mathbb{N}_g = \{2, 4, 6, 8, \ldots\}$ $\mathbb{N}_u = \{1, 3, 5, 7, \ldots\}$				
Vier Grund-rechenarten	**Addition**	Summand	plus	Summand	= Summe
	Subtraktion	Minuend	minus	Subtrahend	= Differenz
	Multiplikation	Faktor	mal	Faktor	= Produkt
	Division	Dividend	geteilt durch	Divisor	= Quotient
	Vorrangregel: Potenzieren vor Punktrechnung, Punktrechnung vor Strichrechnung. Durch Setzen von Klammern kann diese Vorrangregel aufgehoben werden. Die **Division durch null** ist **nicht zulässig.** Die **Multiplikation mit null** ergibt stets **null:** $a \cdot 0 = 0$				

		für Addition	für Multiplikation
Addition und Multiplikation von natürlichen Zahlen	**Kommutativgesetz** (Vertauschungsgesetz)	$a + b = b + a$	$a \cdot b = b \cdot a$
	Assoziativgesetz (Verbindungsgesetz)	$(a + b) + c =$ $= a + (b + c) =$ $= a + b + c$	$(a \cdot b) \cdot c =$ $= a \cdot (b \cdot c) =$ $= a \cdot b \cdot c$
	Distributivgesetz (Verteilungsgesetz)	$a \cdot (b + c) = a \cdot b + a \cdot c$	

Teiler	$a \mid b$ a heißt **Teiler** von b, wenn es eine Zahl q gibt mit $a \cdot q = b$ $\quad a, q \in \mathbb{N}^*$ und $b \in \mathbb{N}$ Jede natürliche Zahl $a > 0$ ist durch 1 und sich selbst teilbar: $1 \mid a$ und $a \mid a$ Null ist durch jede Zahl n teilbar, jedoch nicht durch sich selbst.
Wichtige Teilbarkeitsregeln	Eine Zahl ist teilbar durch <ul><li>**2,** wenn sie gerade ist, d. h., wenn ihre letzte Ziffer durch 2 teilbar ist.</li><li>**3,** wenn ihre Ziffernsumme durch 3 teilbar ist.</li><li>**4,** wenn die Zahl, die aus den letzten beiden Ziffern besteht, durch 4 teilbar ist.</li><li>**5,** wenn die letzte Ziffer 0 oder 5 ist.</li><li>**6,** wenn sie durch 2 und durch 3 teilbar ist.</li><li>**8,** wenn die Zahl, die aus den letzten drei Ziffern besteht, durch 8 teilbar ist.</li><li>**9,** wenn ihre Ziffernsumme durch 9 teilbar ist.</li></ul>
Primzahl	Eine **Primzahl** ist eine natürliche Zahl größer als 1, die **nur** durch 1 und durch sich selbst teilbar ist. <ul><li>Jede Primzahl hat genau zwei Teiler.</li><li>Es gibt **unendlich viele Primzahlen.**</li><li>Die Zahl 1 ist keine Primzahl.</li></ul>
Primfaktorenzerlegung	Jede natürliche **Zahl größer als 1** ist entweder eine **Primzahl** oder lässt sich eindeutig als ein **Produkt von Primzahlen** darstellen.
Größter gemeinsamer Teiler	**ggT(a, b)** Der **größte gemeinsame Teiler** zweier natürlicher Zahlen a und b ist die **größte** natürliche Zahl, durch die sowohl a als auch b ohne Rest teilbar sind. Der **größte gemeinsame Teiler** ist das Produkt jener Primfaktoren, die sowohl in der Primfaktorenzerlegung von a als auch in der Primfaktorenzerlegung von b auftreten, jeweils in ihrer **niedrigsten** Potenz.

Primzahltabelle:

2	3	5	7	11
13	17	19	23	29
31	37	41	43	47
53	59	61	67	71
73	79	83	89	97

Die 25 Primzahlen kleiner als 100

Vielfaches	Eine natürliche Zahl b heißt **Vielfaches** der Zahl a, wenn b durch a restlos teilbar ist. Jede natürliche Zahl hat unendlich viele Vielfache, aber nur endlich viele Teiler.
Kleinstes gemeinsames Vielfaches	**kgV(a, b)** Das **kleinste gemeinsame Vielfache** zweier natürlicher Zahlen a und b ist die **kleinste** natürliche Zahl, die sowohl Vielfaches von a als auch Vielfaches von b ist. Das **kleinste gemeinsame Vielfache** ist das Produkt aller Primfaktoren, die in den gegebenen Primfaktorenzerlegungen auftreten, jeweils in ihrer **höchsten** Potenz.

Menge der ganzen Zahlen

Begriff	Beschreibung
Menge der ganzen Zahlen	$\mathbb{Z} = \{\ldots, -3, -2, -1, 0, +1, +2, +3, \ldots\}$ Teilmengen der ganzen Zahlen: $\mathbb{Z}^* = \mathbb{Z} \setminus \{0\}$ $\qquad\qquad$ $\mathbb{Z}^+ = \{1, 2, 3, \ldots\}$ $\mathbb{Z}_0^+ = \{0, 1, 2, 3, \ldots\} = \mathbb{N}$ $\qquad$ $\mathbb{Z}^- = \{\ldots, -3, -2, -1\}$ $-a < -b \iff a > b$ $\qquad\quad$ $a, b \in \mathbb{N}$
Vorzeichenregeln	$+(+a) = a$ $\quad$ $(+a) \cdot (+b) = a \cdot b$ $\quad$ $(+a) : (+b) = a : b$ $+(-a) = -a$ $\quad$ $(+a) \cdot (-b) = -a \cdot b$ $\quad$ $(+a) : (-b) = -a : b$ $-(+a) = -a$ $\quad$ $(-a) \cdot (+b) = -a \cdot b$ $\quad$ $(-a) : (+b) = -a : b$ $-(-a) = a$ $\quad$ $(-a) \cdot (-b) = a \cdot b$ $\quad$ $(-a) : (-b) = a : b$ $a \in \mathbb{N}, b \in \mathbb{N}^*$
Klammerregeln	$a + (b - c) = a + b - c$ $a - (b + c) = a - b - c$ $\qquad$ $a \cdot (b - c) = a \cdot b - a \cdot c$ $a - (b - c) = a - b + c$
Betrag einer Zahl	$|a| = \begin{cases} a & \text{für } a \geqslant 0 \\ -a & \text{für } a < 0 \end{cases}$ $\qquad a \in \mathbb{Z}$ $|a| = |-a| = a$ $\qquad\qquad a \in \mathbb{N}$
Potenzen von (–1)	$(-1)^{2n-1} = -1$ $\qquad$ ungerade Hochzahl $(-1)^{2n} = +1$ $\qquad$ gerade Hochzahl

Menge der rationalen Zahlen

Begriff	Beschreibung
Menge der rationalen Zahlen	$\mathbb{Q} = \left\{\dfrac{a}{b} \mid a \in \mathbb{Z} \wedge b \in \mathbb{N}^*\right\}$ Eine rationale Zahl ist entweder ■ eine ganze Zahl, ■ eine endliche Dezimalzahl oder ■ eine unendliche periodische Dezimalzahl.
Kürzen und Erweitern	Kürzen → $\dfrac{a \cdot m}{b \cdot m} = \dfrac{a}{b}$ ← Erweitern
Rechenregeln für Brüche	Summe $\quad \dfrac{a}{b} + \dfrac{c}{d} = \dfrac{a \cdot d + b \cdot c}{b \cdot d}$ $\qquad\qquad \dfrac{a}{b} \pm \dfrac{c}{b} = \dfrac{a \pm c}{b}$ Differenz $\;\; \dfrac{a}{b} - \dfrac{c}{d} = \dfrac{a \cdot d - b \cdot c}{b \cdot d}$ Produkt $\;\; \dfrac{a}{b} \cdot \dfrac{c}{d} = \dfrac{a \cdot c}{b \cdot d}$ $\qquad\qquad\qquad$ alle Nenner $\neq 0$ Quotient $\;\; \dfrac{a}{b} : \dfrac{c}{d} = \dfrac{a \cdot d}{b \cdot c}$ $(a + b) : (c + d) = \dfrac{a + b}{c + d}$ $\dfrac{a + b}{c + d} \neq a + b : c + d$ $\qquad\qquad \dfrac{a + b}{c + b}$ ist **nicht** durch b kürzbar.

Menge der reellen Zahlen

Begriff	Beschreibung
Menge der irrationalen Zahlen	$\mathbb{I}$ ist die Menge der unendlichen, nicht periodischen Dezimalzahlen. Eine irrationale Zahl kann nicht als Bruch geschrieben werden.
Menge der reellen Zahlen	$\mathbb{R} = \mathbb{Q} \cup \mathbb{I}$ $\mathbb{N} \subseteq \mathbb{Z} \subseteq \mathbb{Q} \subseteq \mathbb{R}$

Intervalle

Begriff	Beschreibung
Abgeschlossenes Intervall	$[a; b] = \{x \in \mathbb{R} \mid a \leqslant x \leqslant b\}$
Halboffene Intervalle	$[a; b[= \{x \in \mathbb{R} \mid a \leqslant x < b\}$
	$]a; b] = \{x \in \mathbb{R} \mid a < x \leqslant b\}$
Offenes Intervall	$]a; b[= \{x \in \mathbb{R} \mid a < x < b\}$
Unendliche Intervalle	$[a; \infty[\; = \{x \in \mathbb{R} \mid x \geqslant a\}$
	$]{-}\infty; b[= \{x \in \mathbb{R} \mid x < b\}$

Grundlagen der Algebra

Grundbegriffe Terme

Begriff	Beschreibung
Grundmenge	Menge G aller Zahlen, die anstelle der Variablen in den Term eingesetzt werden können
Definitionsmenge	Menge D aller Zahlen der Grundmenge G, durch die der Term zu einer reellen Zahl wird
Äquivalenz	Zwei Terme heißen über einer Menge **äquivalent,** wenn sie bei jeder Einsetzung von Zahlen aus dieser Menge denselben Zahlenwert ergeben.

Potenzen

Begriff	Beschreibung
Potenz	$a^n = a \cdot a \cdot \ldots \cdot a$ (n Faktoren) $\qquad a \in \mathbb{R}, n \in \mathbb{N} \setminus \{0\}$ Potenz = Basis^{Exponent}
Potenz mit negativer Basis	$(-a)^{2n} = a^{2n}$ $\qquad\qquad a > 0$ $(-a)^{2n+1} = -a^{2n+1}$
Addition gleicher Potenzen	$p \cdot a^n + q \cdot a^n = (p + q) \cdot a^n$

Potenzrechenregeln	$a^m \cdot a^n = a^{m+n}$ $(a^m)^n = a^{m \cdot n}$ $(a \cdot b)^n = a^n \cdot b^n$ $a^{-n} = \dfrac{1}{a^n}$ $\left(\dfrac{a}{b}\right)^{-n} = \left(\dfrac{b}{a}\right)^n$	$\dfrac{a^m}{a^n} = a^{m-n}$ $\left(\dfrac{a}{b}\right)^n = \dfrac{a^n}{b^n}$ $a^0 = 1 \qquad a \neq 0;\ a^1 = a$ $\left(\dfrac{1}{a}\right)^{-n} = \dfrac{1}{a^{-n}} = a^n$	Nenner $\neq 0$

Binome

Begriff	Beschreibung	
Distributivgesetz	$a \cdot (b + c) = a \cdot b + a \cdot c$	
Produkt von Binomen	$(a + b) \cdot (c + d) = ac + ad + bc + bd$	
Binomische Formeln	$(a + b)^2 = a^2 + 2ab + b^2$ $(a - b)^2 = a^2 - 2ab + b^2$ $(a + b) \cdot (a - b) = a^2 - b^2$	$(a + b)^3 = a^3 + 3a^2b + 3ab^2 + b^3$ $(a - b)^3 = a^3 - 3a^2b + 3ab^2 - b^3$
Zerlegungsregeln	$a^3 + b^3 = (a + b) \cdot (a^2 - ab + b^2)$ $a^3 - b^3 = (a - b) \cdot (a^2 + ab + b^2)$	

Zehnerpotenzen

Begriff	Beschreibung		
Gleitkomma- darstellung, wissenschaftliche Schreibweise	$z = \pm a \cdot 10^k;\ 1 \leqslant a < 10 \qquad k \in \mathbb{Z}$		

Zehnerpotenz	Wert	Vorsilbe	Abkürzung
$10^{12} = 1\,000\,000\,000\,000$	Billion	Tera	T
$10^9 = 1\,000\,000\,000$	Milliarde	Giga	G
$10^6 = 1\,000\,000$	Million	Mega	M
$10^3 = 1\,000$	Tausend	Kilo	k
$10^2 = 100$	Hundert	Hekto	h
$10^1 = 10$	Zehn	Deka	da
$10^0 = 1$	Eins	–	–
$10^{-1} = 0,1$	Zehntel	Dezi	d
$10^{-2} = 0,01$	Hundertstel	Zenti	c
$10^{-3} = 0,001$	Tausendstel	Milli	m
$10^{-6} = 0,000\,001$	Millionstel	Mikro	µ
$10^{-9} = 0,000\,000\,001$	Milliardstel	Nano	n
$10^{-12} = 0,000\,000\,000\,001$	Billionstel	Piko	p

Wichtige Zehner- potenzen und Vorsilben

Maßeinheiten

Begriff	Beschreibung
Längenmaße	$1 \text{ km} = 1\,000 \text{ m}$ $1 \text{ m} = 10 \text{ dm}$ $1 \text{ dm} = 10 \text{ cm}$ $1 \text{ cm} = 10 \text{ mm}$ $1 \text{ mm} = 1\,000 \text{ μm}$ $1 \text{ μm} = 1\,000 \text{ nm}$
Flächenmaße	$1 \text{ km}^2 = 100 \text{ ha}$ $1 \text{ ha} = 100 \text{ a}$ $1 \text{ a} = 100 \text{ m}^2$ $1 \text{ m}^2 = 100 \text{ dm}^2$ $1 \text{ dm}^2 = 100 \text{ cm}^2$ $1 \text{ cm}^2 = 100 \text{ mm}^2$
Raum- und Hohlmaße	$1 \text{ m}^3 = 1\,000 \text{ dm}^3$ $1 \text{ dm}^3 = 1\,000 \text{ cm}^3$ $1 \text{ cm}^3 = 1\,000 \text{ mm}^3$ $1 \text{ hl} = 100 \text{ l}$ (hl: Hektoliter) $1 \text{ dm}^3 = 1 \text{ l}$ (Liter) $1 \text{ l} = 10 \text{ dl}$ (Deziliter) $1 \text{ dl} = 10 \text{ cl}$ (Zentiliter) $1 \text{ cl} = 10 \text{ ml}$ (Milliliter)
Masse	$1 \text{ t} = 1\,000 \text{ kg}$ (t: Tonne) $1 \text{ kg} = 1\,000 \text{ g}$ $1 \text{ kg} = 100 \text{ dag}$ $1 \text{ dag} = 10 \text{ g}$ $1 \text{ g} = 1\,000 \text{ mg}$
Zeitmaße	$1 \text{ d} = 24 \text{ h}$ (d: Tag) $1 \text{ h} = 60 \text{ min}$ $1 \text{ min} = 60 \text{ s}$ $1 \text{ s} = 1\,000 \text{ ms}$ (Millisekunden)

Lineare Gleichungen

Lineare Gleichungen in einer Variablen

Begriff	Beschreibung
Gleichung	$T_1 = T_2$
Grundmenge	Menge G, aus der man Zahlen für die Variable entnimmt
Definitionsmenge	Teilmenge D der Grundmenge, für deren Zahlen die Terme T_1 und T_2 definiert sind
Lösungsmenge	Teilmenge L der Definitionsmenge, deren Zahlen die Gleichung zu einer wahren Aussage machen $L \subseteq D \subseteq G$
Lösbare Gleichung	Eine Gleichung heißt **lösbar,** wenn die Lösungsmenge L mindestens eine Zahl enthält.
Äquivalente Gleichungen	Gleichungen heißen **äquivalent,** wenn ihre Lösungsmengen gleich sind.
Äquivalenz-umformungen	Auf beiden Seiten der Gleichung ■ denselben Term **addieren** oder ■ denselben Term **subtrahieren** oder ■ mit demselben Term ($\neq 0$) **multiplizieren** oder ■ durch denselben Term ($\neq 0$) **dividieren.**
Lineare Gleichung	$a \cdot x + b = 0 \qquad\qquad a \in \mathbb{R} \setminus \{0\}, b \in \mathbb{R}$

Verhältnisse und Proportionen

Begriff	Beschreibung
Verhältnis	$T_1 : T_2$ heißt **Verhältnis** von T_1 und T_2.
Direkt proportional	$T_1(x) = k \cdot T_2(x)$
Proportionalitäts-faktor	$k = \dfrac{T_1(x)}{T_2(x)} \qquad\qquad T_2(x) \neq 0$
Proportion	$T_1 : T_2 = T_3 : T_4 \Leftrightarrow T_1 \cdot T_4 = T_2 \cdot T_3 \qquad T_2, T_4 \neq 0$ T_1 und T_4 sind Außenglieder, T_2 und T_3 sind Innenglieder.
Fortlaufende Proportion	$T_1 : T_2 : T_3 : T_4 = a : b : c : d \qquad \Leftrightarrow \qquad \begin{array}{l} T_1 = k \cdot a \\ T_2 = k \cdot b \\ T_3 = k \cdot c \\ T_4 = k \cdot d \end{array}$

Lineare Ungleichungen in einer Variablen

Begriff	Beschreibung
Ungleichungen	$T_1 > T_2$ $\qquad\qquad\qquad\qquad\qquad T_1 < T_2$ $T_1 \geqslant T_2$ $\qquad\qquad\qquad\qquad\qquad T_1 \leqslant T_2$
Äquivalente Ungleichungen	Ungleichungen heißen **äquivalent,** wenn ihre Lösungsmengen gleich sind.
Äquivalenzumformungen	Auf beiden Seiten der Ungleichung ■ denselben Term **addieren** oder ■ denselben Term **subtrahieren** oder ■ mit demselben Term ($\neq 0$) **multiplizieren** oder ■ durch denselben Term ($\neq 0$) **dividieren.** Bei Multiplikation und Division mit **negativen** Termen **ändert** sich das Ungleichheitszeichen, das heißt, aus „$\leqslant$" wird „$\geqslant$", $\qquad\qquad\qquad$ aus „$<$" wird „$>$", aus „$\geqslant$" wird „$\leqslant$", $\qquad\qquad\qquad$ aus „$>$" wird „$<$".

Prozentrechnung

Begriff	Beschreibung
Grundbegriffe	G $\qquad\qquad\qquad\qquad$ Grundwert P $\qquad\qquad\qquad\qquad$ Prozentwert $p\,\% \;= \dfrac{p}{100} = i \qquad$ Prozentsatz, Zinssatz $p\,\%\!o = \dfrac{p}{1\,000} \qquad$ Promillesatz
Grundgleichung	$p\,\%$ von G sind $G \cdot \dfrac{p}{100} = G \cdot i = P$
vermehrter Grundwert	$G \cdot \left(1 + \dfrac{p}{100}\right) = G \cdot (1 + i) \qquad 1 + i \qquad$ Zuwachsfaktor
verminderter Grundwert	$G \cdot \left(1 - \dfrac{p}{100}\right) = G \cdot (1 - i) \qquad 1 - i \qquad$ Abnahmefaktor

Häufig verwendete Prozentsätze

Begriff	Werte											
Prozentsatz	1 %	2 %	4 %	5 %	10 %	$12\frac{1}{2}\,\%$	$16\frac{2}{3}\,\%$	20 %	25 %	$33\frac{1}{3}\,\%$	50 %	$66\frac{2}{3}\,\%$
Anteil am Grundwert	$\dfrac{1}{100}$	$\dfrac{1}{50}$	$\dfrac{1}{25}$	$\dfrac{1}{20}$	$\dfrac{1}{10}$	$\dfrac{1}{8}$	$\dfrac{1}{6}$	$\dfrac{1}{5}$	$\dfrac{1}{4}$	$\dfrac{1}{3}$	$\dfrac{1}{2}$	$\dfrac{2}{3}$

Funktionen

Begriff	Beschreibung
Funktion	Eine Zuordnung, die **jedem** Element x einer Menge D **genau ein** Element y einer Menge W zuordnet, heißt **Funktion.** Zu jeder Zahl $x \in D$ erhält man **genau eine zugeordnete** Zahl $y \in W$. f: $D \rightarrow W$ D $\qquad$ Definitionsmenge der Funktion W $\qquad$ Wertemenge der Funktion $x \mapsto y = f(x)$ $\quad$ **Zuordnungsvorschrift** $y = f(x)$ $\qquad$ **Funktionsgleichung** x $\qquad$ x-Wert, Stelle, Argument, unabhängige Variable; $x \in D$ y, f(x) $\qquad$ y-Wert, Funktionswert, abhängige Variable; $y \in W$
Graph einer Funktion	Menge aller Punkte P(a|f(a)) mit $a \in D$
Rechtwinkeliges kartesisches Koordinatensystem	Jedem **geordneten Wertepaar** $(x_0\|y_0)$ entspricht genau ein **Punkt** der Zeichenebene und umgekehrt. x_0 $\qquad$ x-Koordinate (Abszisse) von P y_0 $\qquad$ y-Koordinate (Ordinate) von P x_0, y_0 $\qquad$ Koordinaten von P $P(x_0\|y_0)$ oder $(x_0\|y_0)$ $\quad$ Punkt P Koordinatenursprung (0|0)

Begriff	Beschreibung	Darstellung
Umkehrfunktion	Ist die Umkehrzuordnung einer Funktion f ebenfalls eine Funktion, so nennt man diese Funktion f^{-1} die **Umkehrfunktion von f.** Der Graph der Umkehrfunktion f^{-1} entsteht durch Spiegelung des Funktionsgraphen von f an der ersten Mediane $y = x$.	

Nullstelle	Eine Stelle $x_0 \in D$ mit $f(x_0) = 0$ heißt **Nullstelle** der Funktion f.	
Schnittpunkt mit der x-Achse	Der **Punkt $N(x_0\|0)$** ist Schnittpunkt oder Berührpunkt des Graphen der Funktion f mit der x-Achse.	
Schnittpunkt mit der y-Achse	Der **Punkt $Y(0\|f(0))$** ist der Schnittpunkt des Graphen der Funktion f mit der y-Achse.	

Lineare Funktion

Begriff	Beschreibung	Darstellung
Lineare Funktion	$y = f(x) = k \cdot x + d$ k heißt Steigung (Anstieg). d heißt y-Achsenabschnitt. Der **Graph** einer linearen Funktion ist eine **Gerade.**	Wertetabelle: | x	0	1	2	...
y	d	d+k	d+2k	...	
Steigung	k gibt die Änderung des Funktionswerts bei Zunahme des x-Werts um 1 an. Für $k > 0$ steigt die Gerade. Für $k < 0$ fällt die Gerade. Für $k = 0$ verläuft die Gerade parallel zur x-Achse.	
y-Achsenabschnitt	d gibt den y-Wert des Schnittpunktes $Y(0\|d)$ der Funktion mit der y-Achse an.	
Gerade durch zwei Punkte	Steigung der Geraden durch $P_1(x_1\|y_1)$ und $P_2(x_2\|y_2)$ mit $x_1 \neq x_2$: $k = \dfrac{y_2 - y_1}{x_2 - x_1} = \dfrac{\Delta y}{\Delta x} = \dfrac{\text{Differenz der y-Werte}}{\text{Differenz der x-Werte}}$ Achsenabschnitt: $d = y_1 - k \cdot x_1$ $\dfrac{\Delta y}{\Delta x}$ Differenzenquotient	

Gerade mit Steigung durch Punkt	Gleichung der linearen Funktion mit der Steigung **k** durch den Punkt **P(x_1|y_1):** $y = k \cdot (x - x_1) + y_1$ Gleichung der linearen Funktion mit der Steigung **k** und der Nullstelle **x_0:** $y = k \cdot (x - x_0)$

	Explizite Form, Hauptform	**Implizite Form, Allgemeine Form**
Formen der Geradengleichung	der Geradengleichung $y = k \cdot x + d$ $y = f(x)$	der Geradengleichung $a \cdot x + b \cdot y + c = 0$ $f(x, y) = 0$

Spezielle Geraden	$x = m$	lineare Zuordnung	Gerade parallel zur y-Achse im Abstand m; keine Funktion!
	$x = 0$	Gleichung der y-Achse	
	$y = d$	konstante Funktion	Gerade parallel zur x-Achse im Abstand d
	$y = 0$	Gleichung der x-Achse	
	$y = k \cdot x$	proportionale Funktion	Gerade durch den Ursprung (0|0) mit der Steigung k
	$y = x$	Gleichung der ersten Mediane	
	$y = -x$	Gleichung der zweiten Mediane	

Parallele Geraden	$g_1 \parallel g_2$ Zwei Geraden g_1 und g_2 sind **parallel,** wenn sie dieselbe Steigung k haben.	
Normale Geraden	$g_1 \perp g_2$ Die Gerade g_2 steht auf die Gerade g_1 mit der Steigung k ($\neq 0$) **normal (senkrecht),** wenn sie die Steigung $-\frac{1}{k}$ hat. g_1 hat die Steigung k. g_2 hat die Steigung $-\frac{1}{k}$.	

Lineare Funktionen in der Wirtschaft

Begriff	Beschreibung	Darstellung
Lineare Gesamt- kostenfunktion	$K(x) = k \cdot x + F$	k proportionale Kosten; zusätzliche Kosten für eine weitere Mengeneinheit (ME) x Anzahl der erzeugten ME $k \cdot x$ variable Kosten F Fixkosten $K(x)$ Gesamtkosten in Geldeinheiten (GE) für x erzeugte ME
Lineare Erlösfunktion	$E(x) = p \cdot x$	p Verkaufspreis pro Mengeneinheit x Anzahl der verkauften ME $E(x)$ Erlös in GE für x verkaufte ME
Gewinnfunktion	$G(x) = E(x) - K(x)$ $G(x) > 0$ Gewinn $G(x) < 0$ Verlust $G(x) = 0$ Gewinnschwelle, **Break-even-Point**	 $G(x)$ Gewinn in GE für x erzeugte und verkaufte ME

Lineare Gleichungssysteme

Ein **lineares Gleichungssystem mit zwei Gleichungen** in den Variablen x und y hat die Gestalt

(1) $a_1 \cdot x + b_1 \cdot y = c_1$
(2) $a_2 \cdot x + b_2 \cdot y = c_2$ mit den reellen Zahlen a_1, a_2, b_1, b_2, c_1 und c_2 sowie den Variablen x und y.

Ein Zahlenpaar (x|y) heißt **Lösung,** wenn das Zahlenpaar die Gleichungen (1) und (2) erfüllt.

Lösungsverfahren	Beschreibung
Einsetzungsverfahren (Substitutionsverfahren)	Eine der beiden Gleichungen wird nach einer Variablen aufgelöst. Den dadurch entstandenen Term **setzt** man in die andere Gleichung **ein.**
Gleichsetzungsverfahren	Beide Gleichungen werden nach derselben Variable aufgelöst. Die dadurch entstandenen Terme mit nur einer Variablen werden **gleichgesetzt.**
Additionsverfahren (Eliminationsverfahren)	Man multipliziert eine (oder beide Gleichungen) so mit geeigneten Zahlen, dass durch **Addition** der beiden (umgeformten) Gleichungen eine Variable eliminiert wird.

Lösungsfälle eines Gleichungssystems	Beschreibung	Darstellung
Eindeutige Lösung	Geraden schneiden einander; ein Schnittpunkt S $L = g_1 \cap g_2 = \{(x_s\|y_s)\}$	
Keine Lösung	Geraden parallel; kein Schnittpunkt $L = g_1 \cap g_2 = \{\}$	
Unendlich viele Lösungen	Geraden ident; unendlich viele Schnittpunkte $L = g_1 \cap g_2 = g_1 = g_2$	

Vektoren und Matrizen

Vektoren

Begriff	Beschreibung (für zweidimensionale Vektoren)
Vektor	Ein **Vektor** $\vec{a}$ ist die Menge aller gleich langen, gleich gerichteten und gleich orientierten Pfeile. Ein einzelner Pfeil dieser Menge wird **Repräsentant** des Vektors genannt.
Koordinaten eines Vektors mit Anfangspunkt A und Endpunkt B	$\overrightarrow{AB} = \begin{pmatrix} b_x \\ b_y \end{pmatrix} - \begin{pmatrix} a_x \\ a_y \end{pmatrix} = \begin{pmatrix} b_x - a_x \\ b_y - a_y \end{pmatrix}$ $b_x - a_x$, $b_y - a_y$ heißen **Koordinaten** oder Komponenten des Vektors $\overrightarrow{AB}$.
Länge (Betrag) eines Vektors	$\|\vec{a}\| = \left\| \begin{pmatrix} a_x \\ a_y \end{pmatrix} \right\| = \sqrt{a_x^2 + a_y^2}$
Einheitsvektor (normierter Vektor)	Der **Einheitsvektor** $\vec{a}_0$ des Vektors $\vec{a}$ ist der Vektor $\vec{a}_0 = \frac{1}{\|\vec{a}\|} \cdot \vec{a}$ für $\vec{a} \neq \vec{0}$. Der Einheitsvektor hat immer die Länge 1.

Begriff	Beschreibung zweidimensionaler Vektoren	Darstellung
Winkel zwischen zwei Vektoren	$\cos \alpha = \dfrac{\vec{a} \cdot \vec{b}}{\|\vec{a}\| \cdot \|\vec{b}\|}$ $\alpha = 90° \Leftrightarrow \vec{a} \cdot \vec{b} = 0$	
Normalvektor	Vektor $\qquad \vec{a} = \begin{pmatrix} a_x \\ a_y \end{pmatrix}$ Normalvektoren $\vec{n}_1 = \begin{pmatrix} a_y \\ -a_x \end{pmatrix}$, $\vec{n}_2 = \begin{pmatrix} -a_y \\ a_x \end{pmatrix}$	
Mittelpunkt M einer Strecke AB	$A(a_x\|a_y)$, $B(b_x\|b_y)$ $M(m_x\|m_y)$ mit $m_x = \dfrac{a_x + b_x}{2}$ und $m_y = \dfrac{a_y + b_y}{2}$	
Flächeninhalt eines Parallelogramms	$A = \|\vec{a}\| \cdot \|\vec{b}\| \cdot \sin \alpha$	

Begriff	zweidimensionale Vektoren	n-dimensionale Vektoren
Zeilenvektor (einzeilige Matrix)	$\vec{a} = (a_x, a_y)$ oder $\vec{a} = (a_x \mid a_y)$	$\vec{a} = (a_1, a_2, a_3, \ldots, a_n)$ oder $\vec{a} = (a_1 \mid a_2 \mid a_3 \mid \ldots \mid a_n)$
Spaltenvektor (einspaltige Matrix)	$\vec{b} = \begin{pmatrix} b_x \\ b_y \end{pmatrix}$	$\vec{b} = \begin{pmatrix} b_1 \\ b_2 \\ \vdots \\ b_n \end{pmatrix}$
Addition und Subtraktion von Vektoren	$\begin{pmatrix} a_x \\ a_y \end{pmatrix} \pm \begin{pmatrix} b_x \\ b_y \end{pmatrix} = \begin{pmatrix} a_x \pm b_x \\ a_y \pm b_y \end{pmatrix}$ Addition: (Skizze $\vec{a} + \vec{b}$, $\vec{a}$, $\vec{b}$)	$\begin{pmatrix} a_1 \\ a_2 \\ \vdots \\ a_n \end{pmatrix} \pm \begin{pmatrix} b_1 \\ b_2 \\ \vdots \\ b_n \end{pmatrix} = \begin{pmatrix} a_1 \pm b_1 \\ a_2 \pm b_2 \\ \vdots \\ a_n \pm b_n \end{pmatrix}$
Multiplikation eines Vektors mit einer Zahl	$c \cdot \begin{pmatrix} a_x \\ a_y \end{pmatrix} = \begin{pmatrix} c \cdot a_x \\ c \cdot a_y \end{pmatrix}$	$c \cdot \begin{pmatrix} a_1 \\ a_2 \\ \vdots \\ a_n \end{pmatrix} = \begin{pmatrix} c \cdot a_1 \\ c \cdot a_2 \\ \vdots \\ c \cdot a_n \end{pmatrix}$
Multiplikation zweier Vektoren (Skalarprodukt)	$\vec{a} \cdot \vec{b} = \begin{pmatrix} a_x \\ a_y \end{pmatrix} \cdot \begin{pmatrix} b_x \\ b_y \end{pmatrix} = a_x b_x + a_y b_y$	$(a_1, a_2, \ldots, a_n) \cdot \begin{pmatrix} b_1 \\ b_2 \\ \vdots \\ b_n \end{pmatrix} = \sum_{i=1}^{n} a_i \cdot b_i$

Matrizen

Begriff	Beschreibung
m × n-Matrix	$\mathbf{A}$ ist eine **m × n-Matrix** mit m Zeilen und n Spalten. $\mathbf{A} = \begin{pmatrix} a_{11} & a_{12} & a_{13} & \cdots & a_{1n} \\ a_{21} & a_{22} & a_{23} & \cdots & a_{2n} \\ \vdots & \vdots & \vdots & \vdots & \vdots \\ a_{m1} & a_{m2} & a_{m3} & \cdots & a_{mn} \end{pmatrix}$
Addition und Subtraktion von Matrizen	$\begin{pmatrix} a_{11} & a_{12} & \cdots & a_{1n} \\ a_{21} & a_{22} & \cdots & a_{2n} \\ \vdots & \vdots & \vdots & \vdots \\ a_{m1} & a_{m2} & \cdots & a_{mn} \end{pmatrix} \pm \begin{pmatrix} b_{11} & b_{12} & \cdots & b_{1n} \\ b_{21} & b_{22} & \cdots & b_{2n} \\ \vdots & \vdots & \vdots & \vdots \\ b_{m1} & b_{m2} & \cdots & b_{mn} \end{pmatrix} = \begin{pmatrix} a_{11} \pm b_{11} & a_{12} \pm b_{12} & \cdots & a_{1n} \pm b_{1n} \\ a_{21} \pm b_{21} & a_{22} \pm b_{22} & \cdots & a_{2n} \pm b_{2n} \\ \vdots & \vdots & \vdots & \vdots \\ a_{m1} \pm b_{m1} & a_{m2} \pm b_{m2} & \cdots & a_{mn} \pm b_{mn} \end{pmatrix}$ Die Addition von Matrizen ist kommutativ und assoziativ: Kommutativgesetz $\quad \mathbf{A} + \mathbf{B} = \mathbf{B} + \mathbf{A}$ Assoziativgesetz $\quad (\mathbf{A} + \mathbf{B}) + \mathbf{C} = \mathbf{A} + (\mathbf{B} + \mathbf{C})$

Multiplikation einer Matrix mit einer Zahl	$$c \cdot \begin{pmatrix} a_{11} & a_{12} & \cdots & a_{1n} \\ a_{21} & a_{22} & \cdots & a_{2n} \\ \vdots & \vdots & \vdots & \vdots \\ a_{m1} & a_{m2} & \cdots & a_{mn} \end{pmatrix} = \begin{pmatrix} c \cdot a_{11} & c \cdot a_{12} & \cdots & c \cdot a_{1n} \\ c \cdot a_{21} & c \cdot a_{22} & \cdots & c \cdot a_{2n} \\ \vdots & \vdots & \vdots & \vdots \\ c \cdot a_{m1} & c \cdot a_{m2} & \cdots & c \cdot a_{mn} \end{pmatrix}$$ $1 \cdot \mathbf{A} = \mathbf{A}$ $c \cdot (\mathbf{A} + \mathbf{B}) = c \cdot \mathbf{A} + c \cdot \mathbf{B}$ $(c + d) \cdot \mathbf{A} = c \cdot \mathbf{A} + d \cdot \mathbf{A}$ $\qquad\qquad c, d \in \mathbb{R}$
Einheitsmatrix E	$$\mathbf{E} = \begin{pmatrix} 1 & 0 & \cdots & 0 \\ 0 & 1 & & \vdots \\ \vdots & & \ddots & 0 \\ 0 & \cdots & 0 & 1 \end{pmatrix}, \text{ speziell } \mathbf{E} = \begin{pmatrix} 1 & 0 \\ 0 & 1 \end{pmatrix}, \ \mathbf{E} = \begin{pmatrix} 1 & 0 & 0 \\ 0 & 1 & 0 \\ 0 & 0 & 1 \end{pmatrix}$$
Transponierte Matrix	Tauscht man in der $(n \times m)$-Matrix $\mathbf{A}$ Zeilen mit Spalten, so erhält man die zugehörige transponierte $(m \times n)$-Matrix $\mathbf{A}^\mathsf{T}$.
Multiplikation von Matrizen	$$\begin{pmatrix} a_{11} & a_{12} & \cdots & a_{1p} \\ a_{21} & a_{22} & \cdots & a_{2p} \\ \vdots & \vdots & \vdots & \vdots \\ a_{m1} & a_{m2} & \cdots & a_{mp} \end{pmatrix} \cdot \begin{pmatrix} b_{11} & b_{12} & \cdots & b_{1n} \\ b_{21} & b_{22} & \cdots & b_{2n} \\ \vdots & \vdots & \vdots & \vdots \\ b_{p1} & b_{p2} & \cdots & b_{pn} \end{pmatrix} = \begin{pmatrix} c_{11} & c_{12} & \cdots & c_{1n} \\ c_{21} & c_{22} & \cdots & c_{2n} \\ \vdots & \vdots & \vdots & \vdots \\ c_{m1} & c_{m2} & \cdots & c_{mn} \end{pmatrix}$$ Dabei gilt: $c_{11} = a_{11} \cdot b_{11} + a_{12} \cdot b_{21} + \ldots + a_{1p} \cdot b_{p1} = \sum\limits_{k=1}^{p} a_{1k} \cdot b_{k1}$ $c_{ij} = a_{i1} \cdot b_{1j} + a_{i2} \cdot b_{2j} + \ldots + a_{ip} \cdot b_{pj}$ **Zeilenvektor der Linksmatrix mal Spaltenvektor der Rechtsmatrix** Die Multiplikation zweier Matrizen ist nur dann möglich, wenn die Anzahl der Spalten der Linksmatrix gleich der Anzahl der Zeilen der Rechtsmatrix ist. $(m \times p)$-Matrix $\cdot$ $(p \times n)$-Matrix $= (m \times n)$-Matrix
	Assoziativgesetz $\qquad\qquad\qquad (\mathbf{A} \cdot \mathbf{B}) \cdot \mathbf{C} = \mathbf{A} \cdot (\mathbf{B} \cdot \mathbf{C}) = \mathbf{A} \cdot \mathbf{B} \cdot \mathbf{C}$ Distributivgesetz $\qquad\qquad\qquad \mathbf{A} \cdot (\mathbf{B} + \mathbf{C}) = \mathbf{A} \cdot \mathbf{B} + \mathbf{A} \cdot \mathbf{C}$ $\qquad\qquad\qquad\qquad\qquad\qquad$ Achten Sie auf die Reihenfolge! Multiplikation mit Einheitsmatrix $\quad \mathbf{A} \cdot \mathbf{E} \quad = \mathbf{E} \cdot \mathbf{A} = \mathbf{A}$ Kommutativgesetz gilt nicht. $\qquad \mathbf{A} \cdot \mathbf{B} \quad \neq \mathbf{B} \cdot \mathbf{A}$
Inverse Matrix $\mathbf{A}^{-1}$ von A	$\mathbf{A} \cdot \mathbf{A}^{-1} = \mathbf{A}^{-1} \cdot \mathbf{A} = \mathbf{E}$ $\qquad\qquad$ $\mathbf{A}$ ist eine quadratische Matrix.
Einfache Produktionsverflechtung	Eine **externe** Nachfrage besteht nur nach den Endprodukten. $\vec{r} = \mathbf{RE} \cdot \vec{n}$ $\qquad\qquad\qquad\qquad\qquad$ $\mathbf{RE}$ $\quad$ Bedarfsmatrix $\vec{n} = \mathbf{RE}^{-1} \cdot \vec{r}$ $\qquad\qquad\qquad\qquad\quad$ $\vec{r}$ $\quad$ Rohstoffvektor $\qquad\qquad\qquad\qquad\qquad\qquad\qquad\quad$ $\vec{n}$ $\quad$ Nachfragevektor Materialwert der Rohstoffe $= \vec{p}^{\mathsf{T}} \cdot \vec{r}$ $\qquad$ $\vec{p}$ $\quad$ Preisvektor
Beliebige Produktionsverflechtung **Leontief-Modell**	Eine **externe** Nachfrage besteht nach Rohstoffen, Zwischenprodukten und Endprodukten. $\vec{x} = \mathbf{V} \cdot \vec{x} + \vec{n}$ $\qquad\qquad\qquad\qquad\quad$ $\mathbf{V}$ $\quad$ Verflechtungsmatrix $\vec{n} = (\mathbf{E} - \mathbf{V}) \cdot \vec{x}$ $\qquad\qquad\qquad\quad$ $\vec{x}$ $\quad$ Produktionsvektor $\vec{x} = (\mathbf{E} - \mathbf{V})^{-1} \cdot \vec{n}$ $\qquad\qquad\qquad$ $\vec{n}$ $\quad$ Nachfragevektor

Potenzen mit rationalen Exponenten und Potenzfunktionen

Begriff	Beschreibung
Wurzel	$b = \sqrt[n]{a} \Leftrightarrow b^n = a$ für $a, b \in \mathbb{R}_0^+$ und $n \in \mathbb{N} \setminus \{0, 1\}$ b heißt **n-te Wurzel** von a. a heißt Radikand. n heißt Wurzelexponent.
Spezielle Wurzeln	$\sqrt[n]{a^n} = \left(\sqrt[n]{a}\right)^n = a$ Potenzieren und Radizieren heben einander auf. $\sqrt[n]{1} = 1$, da $1^n = 1$ $\sqrt[n]{0} = 0$, da $0^n = 0$ $\sqrt[2]{a} = \sqrt{a}$ vereinfachte Schreibweise für die Quadratwurzel
Wurzel- und Potenzschreibweise	$\sqrt[n]{a} = a^{\frac{1}{n}}$ $\sqrt[n]{a^m} = a^{\frac{m}{n}}$ $\sqrt[n]{a^n} = a^{\frac{n}{n}} = a$ n-te Wurzel und n-te Potenz heben einander auf. $a^{-\frac{1}{n}} = \frac{1}{\sqrt[n]{a}} = \left(\frac{1}{a}\right)^{\frac{1}{n}}$ $a^{-\frac{m}{n}} = \frac{1}{\sqrt[n]{a^m}}$

Rechnen mit Wurzeln

Begriff	Rechenregeln
Addition und Subtraktion von Wurzeln	$r \cdot \sqrt[n]{a} \pm s \cdot \sqrt[n]{a} = (r \pm s) \cdot \sqrt[n]{a}$
Multiplikation und Division von Wurzeln mit gleichen Wurzelexponenten	$\sqrt[n]{a} \cdot \sqrt[n]{b} = \sqrt[n]{a \cdot b}$ $\frac{\sqrt[n]{a}}{\sqrt[n]{b}} = \sqrt[n]{\frac{a}{b}}$ für $b > 0$
Teilweises Wurzelziehen	$\sqrt[n]{a^n \cdot b} = a \cdot \sqrt[n]{b}$
Multiplikation und Division von Wurzeln mit verschiedenen Wurzelexponenten	$\sqrt[n]{a} \cdot \sqrt[m]{b} = \sqrt[n \cdot m]{a^m \cdot b^n}$ $\frac{\sqrt[n]{a}}{\sqrt[m]{b}} = \sqrt[n \cdot m]{\frac{a^m}{b^n}}$ für $b > 0$
Vereinfachen von Wurzelexponenten, Potenzieren von Wurzeln	$\sqrt[n \cdot p]{a^{m \cdot p}} = \sqrt[n]{a^m}$ $\left(\sqrt[n]{a^m}\right)^q = \sqrt[n]{a^{m \cdot q}}$
Verschachtelte Wurzeln	$\sqrt[m]{\sqrt[n]{a}} = \sqrt[m \cdot n]{a} = \sqrt[n]{\sqrt[m]{a}}$

Potenzfunktionen

Begriff	Beschreibung	Darstellung
Potenzfunktionen	$y = a \cdot x^n$	für $a \in \mathbb{R} \setminus \{0\}$, $n \in \mathbb{Z}$
Parabeln n-ten Grades	$y = x^n$	für $n \geqslant 2$
Gerade Parabeln	**n gerade** $D = \mathbb{R}$, $W = \mathbb{R}_0^+$ Graph symmetrisch zur y-Achse	
Ungerade Parabeln	**n ungerade** $D = \mathbb{R}$, $W = \mathbb{R}$ Graph symmetrisch zum Ursprung	
Hyperbeln n-ten Grades	$y = x^{-n} = \dfrac{1}{x^n}$	für $n \geqslant 1$
Gerade Hyperbeln	**n gerade** $D = \mathbb{R} \setminus \{0\}$, $W = \mathbb{R}^+$ Graph symmetrisch zur y-Achse	
Ungerade Hyperbeln	**n ungerade** $D = \mathbb{R} \setminus \{0\}$, $W = \mathbb{R} \setminus \{0\}$ Graph symmetrisch zum Ursprung	
Wurzelfunktion	$y = x^{\frac{1}{n}} = \sqrt[n]{x}$ $n \in \mathbb{N} \setminus \{0, 1\}$ $D = \mathbb{R}_0^+$, $W = \mathbb{R}_0^+$	

Gleichungen höheren Grades und Polynomfunktionen

Quadratische Funktionen

Begriff	Beschreibung	Darstellung
Quadratische Funktionen (allg. Form)	$y = a \cdot x^2 + b \cdot x + c$	für $a, b, c \in \mathbb{R}, a \neq 0$
Grundparabel (Normalparabel)	$y = x^2$ $S(0\|0)$ Scheitel	
Gestreckte und gestauchte Parabeln	$y = a \cdot x^2$ $S(0\|0)$ Scheitel $\|a\| > 1$ gestreckt $\|a\| < 1$ gestaucht $a > 0$ nach oben geöffnet $a < 0$ nach unten geöffnet	
In y-Richtung verschobene Parabeln	$y = x^2 + y_S$ $S(0\|y_S)$ Scheitel $y_S > 0$ nach oben verschoben $y_S < 0$ nach unten verschoben	
In x-Richtung verschobene Parabeln	$y = (x - x_S)^2$ $S(x_S\|0)$ Scheitel $x_S > 0$ nach rechts verschoben $x_S < 0$ nach links verschoben	

Scheitelpunktform der quadratischen Funktion	$y = a \cdot (x - x_S)^2 + y_S$ $S(x_S|y_S)$ Scheitel	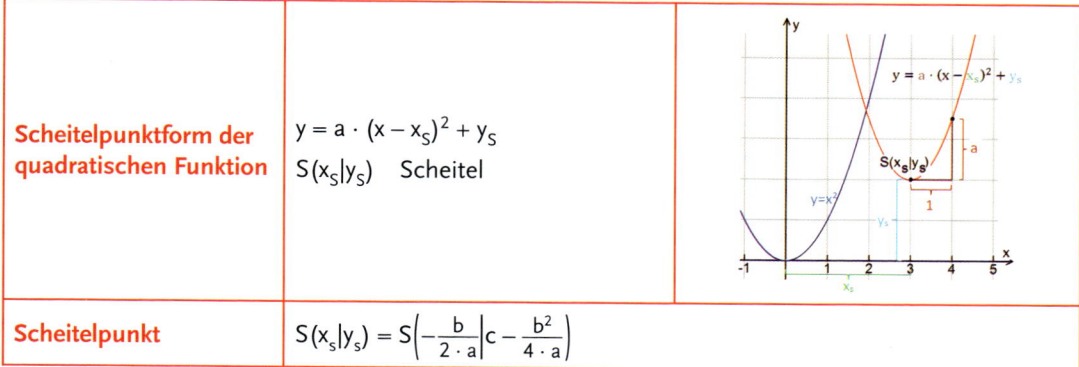
Scheitelpunkt	$S(x_s|y_s) = S\left(-\dfrac{b}{2 \cdot a}\Big| c - \dfrac{b^2}{4 \cdot a}\right)$	

Quadratische Gleichungen

Begriff	Beschreibung	
Allgemeine quadratische Gleichung	$a \cdot x^2 + b \cdot x + c = 0$	für $a, b, c \in \mathbb{R}, a \neq 0$
	$x_{1,2} = \dfrac{-b \pm \sqrt{b^2 - 4a \cdot c}}{2 \cdot a}$	Lösungsformel
	$D = b^2 - 4a \cdot c$	Diskriminante
Normalform der quadratischen Gleichung	$x^2 + p \cdot x + q = 0$	für $p, q \in \mathbb{R}$
	$x_{1,2} = -\dfrac{p}{2} \pm \sqrt{\left(\dfrac{p}{2}\right)^2 - q}$	Lösungsformel
	$D = \left(\dfrac{p}{2}\right)^2 - q$	Diskriminante
Lösungsfälle	$D > 0$ **zwei** verschiedene reelle Lösungen $D = 0$ **eine** (doppelt zählende) reelle Lösung $D < 0$ **keine** reelle Lösung	
Satz von Vieta	Sind x_1 und x_2 die Lösungen (Wurzeln) der normierten quadratischen Gleichung $x^2 + p \cdot x + q = 0$, dann gilt: $x_1 + x_2 = -p$ und $x_1 \cdot x_2 = q$	
	Zerlegung in Linearfaktoren: $x^2 + p \cdot x + q = (x - x_1) \cdot (x - x_2)$	
Spezialfälle der allgemeinen quadratischen Gleichung	$b = 0$: $a \cdot x^2 + c = 0 \iff x^2 = d$ mit $d = -\dfrac{c}{a}$ $d > 0$ zwei Lösungen $x = \sqrt{d}$ und $x = -\sqrt{d}$ $d = 0$ eine (doppelt zählende) reelle Lösung $x = 0$ $d < 0$ keine reelle Lösung	
	$c = 0$: $a \cdot x^2 + b \cdot x = 0 \iff x \cdot (a \cdot x + b) = 0$ zwei Lösungen $x = 0$ und $x = -\dfrac{b}{a}$	

Polynomfunktionen

Begriff	Beschreibung
Polynomfunktion vom Grad n	$p(x) = a_n \cdot x^n + a_{n-1} \cdot x^{n-1} + \ldots + a_1 \cdot x + a_0 = \sum\limits_{i=0}^{n} a_i \cdot x^i$ für $a_0, a_1, \ldots, a_n \in \mathbb{R}$, $a_n \neq 0$, $n \in \mathbb{N}$
Gleichung n-ten Grades	$a_n \cdot x^n + a_{n-1} \cdot x^{n-1} + \ldots + a_1 \cdot x + a_0 = 0$
Fundamentalsatz der Algebra	Eine Gleichung n-ten Grades der Form $x^n + a_{n-1} \cdot x^{n-1} + \ldots + a_1 \cdot x + a_0 = 0$ hat **höchstens** n reelle Lösungen $x_1, x_2, \ldots, x_n$.
	Zerlegung in Linearfaktoren: $x^n + a_{n-1} \cdot x^{n-1} + \ldots + a_1 \cdot x + a_0 = (x - x_1) \cdot (x - x_2) \cdot \ldots \cdot (x - x_n)$ mit $a_0 = (-1)^n \cdot x_1 \cdot x_2 \cdot \ldots \cdot x_n$
	Eine Gleichung n-ten Grades mit **ungeradem Grad** hat **mindestens eine reelle Lösung.** Eine Gleichung n-ten Grades mit **geradem Grad** kann auch **keine reelle Lösung** haben.

Spezialfälle	Beschreibung	Darstellung
Konstante Funktion (Polynomfunktion vom Grad 0)	$p(x) = a_0$ keine Nullstelle für $a_0 \neq 0$ Graph ist eine horizontale Gerade Spezialfall: $p(x) = 0$ x-Achse	
Lineare Funktion (Polynomfunktion vom Grad 1)	$p(x) = a_1 \cdot x + a_0$ genau eine Nullstelle x_1 Graph ist eine Gerade	
Quadratische Funktion (Polynomfunktion vom Grad 2)	$p(x) = a_2 \cdot x^2 + a_1 \cdot x + a_0$ höchstens zwei Nullstellen x_1 und x_2 $a_2 \cdot x^2 + a_1 \cdot x + a_0 =$ $a_2 \cdot (x - x_1) \cdot (x - x_2)$ u-förmiger Graph	

Kubische Funktion (Polynomfunktion vom Grad 3)	$p(x) = a_3 \cdot x^3 + a_2 \cdot x^2 + a_1 \cdot x + a_0$ mindestens eine, höchstens drei Nullstellen x_1, x_2 und x_3 $a_3 \cdot x^3 + a_2 \cdot x^2 + a_1 \cdot x + a_0 =$ $a_3 \cdot (x - x_1) \cdot (x - x_2) \cdot (x - x_3)$ s-förmiger Graph	
Polynomfunktion vom Grad 4	$p(x) = a_4 \cdot x^4 + a_3 \cdot x^3 + a_2 \cdot x^2 + a_1 \cdot x + a_0$ höchstens vier Nullstellen x_1, x_2, x_3 und x_4 $a_4 \cdot x^4 + a_3 \cdot x^3 + a_2 \cdot x^2 + a_1 \cdot x + a_0 =$ $a_4 \cdot (x - x_1) \cdot (x - x_2) \cdot (x - x_3) \cdot (x - x_4)$ w-förmiger Graph	

Geometrie

Begriff	Beschreibung
Winkel	
Bezeichnung von Winkeln	α β γ δ ε φ λ μ ρ σ ω alpha beta gamma delta epsilon phi lambda my rho sigma omega
Komplementärwinkel	α und β heißen **Komplementärwinkel,** wenn $\alpha + \beta = 90°$ gilt.
Supplementärwinkel	α und β heißen **Supplementärwinkel,** wenn $\alpha + \beta = 180°$ gilt.

Allgemeines Dreieck

Begriff	Beschreibung	Darstellung
Dreieck	Eckpunkte $\quad$ A, B, C Seiten $\qquad$ a, b, c Winkel $\qquad$ α, β, γ	
Winkelsumme im Dreieck	Die Summe der Innenwinkel eines Dreiecks ist 180°. $\alpha + \beta + \gamma = 180°$	
Dreiecks-ungleichungen	Die Summe zweier Seiten ist stets größer als die dritte Seite. $a + b > c$ $a + c > b$ $b + c > a$	
Satz von Thales	Jeder Winkel im Halbkreis ist ein rechter Winkel (90°).	
Umfang	$u = a + b + c$	
Flächeninhalt	$A = \dfrac{a \cdot h_a}{2} = \dfrac{b \cdot h_b}{2} = \dfrac{c \cdot h_c}{2}$	
Heronsche Flächenformel	$A = \sqrt{s \cdot (s-a) \cdot (s-b) \cdot (s-c)}$ mit $\;s = \dfrac{a+b+c}{2} = \dfrac{u}{2}$	

Kongruenz und Ähnlichkeit

Begriff	Beschreibung	Darstellung
Kongruenz	Zwei Figuren sind **kongruent** (deckungsgleich), wenn sie in ihrer Größe und Form übereinstimmen. Alle Seiten sind gleich lang und alle Winkel sind gleich groß. Kongruente Figuren erhält man durch Drehung, Spiegelung und Parallel-verschiebung.	 $\triangle ABC \cong \triangle A'B'C'$

Ähnlichkeit	Zwei Figuren sind **ähnlich,** wenn sie in ihrer Form übereinstimmen. Entsprechende Winkel sind gleich groß. Die Längen entsprechender Seiten haben dasselbe Verhältnis.	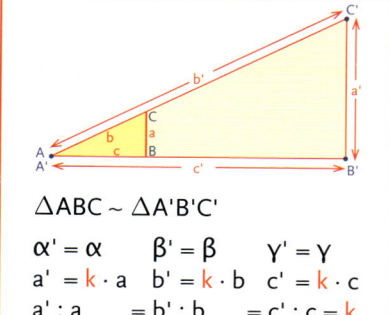
Proportionalitäts-faktor k	$k > 1$ Streckung $k = 1$ Kongruenz $0 < k < 1$ Stauchung	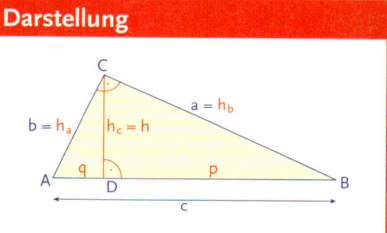

Rechtwinkeliges Dreieck

Begriff	Formeln	Darstellung
Satz des Pythagoras	$a^2 + b^2 = c^2$	
Kathetensätze	$a^2 = c \cdot p$ $b^2 = c \cdot q$	
Höhensatz	$h^2 = p \cdot q$	
Flächeninhalt	$A = \dfrac{a \cdot b}{2} = \dfrac{c \cdot h}{2}$	

Gleichschenkeliges Dreieck

Begriff	Formeln	Darstellung
Höhe	$h_c = \dfrac{1}{2} \cdot \sqrt{4 \cdot a^2 - c^2}$	
Flächeninhalt	$A = \dfrac{c \cdot \sqrt{4 \cdot a^2 - c^2}}{4}$	

Gleichseitiges Dreieck

Begriff	Formeln	Darstellung
Höhe	$h = \dfrac{a}{2} \cdot \sqrt{3}$	
Flächeninhalt	$A = \dfrac{a^2}{4} \cdot \sqrt{3}$	

Vierecke

Begriff	Formeln	Darstellung
Allgemeines Viereck	$u = a + b + c + d$ $A = A_1 + A_2$ $\alpha + \beta + \gamma + \delta = 360°$	
Rechteck	$u = 2 \cdot (a + b)$ $d = \sqrt{a^2 + b^2}$ $A = a \cdot b$	
Quadrat	$u = 4 \cdot a$ $d = a \cdot \sqrt{2}$ $A = a^2 = \dfrac{d^2}{2}$	
Parallelogramm	$u = 2 \cdot (a + b)$ $A = a \cdot h_a = b \cdot h_b$	
Rhombus (Raute)	$u = 4 \cdot a$ $A = a \cdot h_a = \dfrac{e \cdot f}{2}$ $e \perp f$	
Deltoid	$u = 2 \cdot (a + b)$ $A = \dfrac{e \cdot f}{2}$ $e \perp f$	

Trapez	$u = a + b + c + d$ $A = \dfrac{a + c}{2} \cdot h$ $m = \dfrac{a + c}{2}$ $\alpha + \delta = 180°$ $\beta + \gamma = 180°$	

Kreis und Kreisteile

Begriff	Formeln	Darstellung
Kreis	$u = 2 \cdot r \cdot \pi$ $A = r^2 \cdot \pi$ $d = 2 \cdot r$ $\pi \approx 3{,}141\,59\ldots$	
Kreisbogen	$b = \dfrac{r \cdot \pi \cdot \alpha}{180°}$ r Radius b Kreisbogen α Zentriwinkel	
Kreissektor	$A = \dfrac{r^2 \cdot \pi \cdot \alpha}{360°} = \dfrac{b \cdot r}{2}$	
Kreissegment	$A_{Segment} = A_{Sektor} - A_{\triangle}$	
Kreisring	$b = r_2 - r_1$ b Ringbreite $u = 2 \cdot \pi \cdot (r_1 + r_2)$ $A = \pi \cdot (r_2{}^2 - r_1{}^2)$	

Stereometrie

Begriff	Beschreibung	Darstellung
Würfel	Flächendiagonale $d = a \cdot \sqrt{2}$ Raumdiagonale $D = a \cdot \sqrt{3}$ Mantelfläche $M = 4 \cdot a^2$ Oberfläche $O = 6 \cdot a^2$ Volumen $V = a^3$	
Quader	Raumdiagonale $D = \sqrt{a^2 + b^2 + c^2}$ Mantelfläche $M = 2 \cdot (a \cdot c + b \cdot c)$ Oberfläche $O = 2 \cdot (a \cdot b + a \cdot c + b \cdot c)$ Volumen $V = a \cdot b \cdot c$	
Prisma	Oberfläche $O = 2 \cdot G + M$ Volumen $V = G \cdot h$	
Zylinder	Mantelfläche $M = 2 \cdot r \cdot \pi \cdot h$ Oberfläche $O = 2 \cdot r^2 \cdot \pi + 2 \cdot r \cdot \pi \cdot h$ Volumen $V = r^2 \cdot \pi \cdot h$	
Pyramide	Oberfläche $O = G + M$ Volumen $V = \frac{1}{3} \cdot G \cdot h$	
Kegel	Mantellinie $s = \sqrt{r^2 + h^2}$ Mantelfläche $M = r \cdot \pi \cdot s$ Oberfläche $O = G + M = r^2 \cdot \pi + r \cdot \pi \cdot s$ Volumen $V = \frac{1}{3} \cdot G \cdot h = \frac{1}{3} \cdot r^2 \cdot \pi \cdot h$	
Kugel	Oberfläche $O = 4 \cdot r^2 \cdot \pi$ Volumen $V = \frac{4}{3} \cdot r^3 \cdot \pi$	Großkreis

Trigonometrie

Sinus, Kosinus und Tangens im rechtwinkeligen Dreieck

Begriff	Formeln	Darstellung
Sinus von α	$\sin \alpha = \dfrac{GK}{HY} = \dfrac{a}{c}$	
Kosinus von α	$\cos \alpha = \dfrac{AK}{HY} = \dfrac{b}{c}$	
Tangens von α	$\tan \alpha = \dfrac{GK}{AK} = \dfrac{a}{b}$	
Steigung k und Steigungswinkel α	$\tan \alpha = k$ $\alpha = \tan^{-1} k$	GK Gegenkathete AK Ankathete HY Hypotenuse

Sinus, Kosinus und Tangens am Einheitskreis

Begriff	Formeln	Darstellung
Sinus von α	$y = \sin \alpha = \dfrac{GK}{HY} = \dfrac{y}{1} = y$	
Kosinus von α	$x = \cos \alpha = \dfrac{AK}{HY} = \dfrac{x}{1} = x$	
Tangens von α	$y_T = \tan \alpha = \dfrac{GK}{AK} = \dfrac{y}{x}$	
Zusammenhang zwischen den Winkelfunktionswerten	Für alle Winkel $\alpha \in [0°; 360°]$ gilt: $\sin^2 \alpha + \cos^2 \alpha = 1$ $\tan \alpha = \dfrac{\sin \alpha}{\cos \alpha}$ für $\cos \alpha \neq 0$	$\dfrac{\sin \alpha}{\cos \alpha} = \dfrac{\tan \alpha}{1} = \tan \alpha$

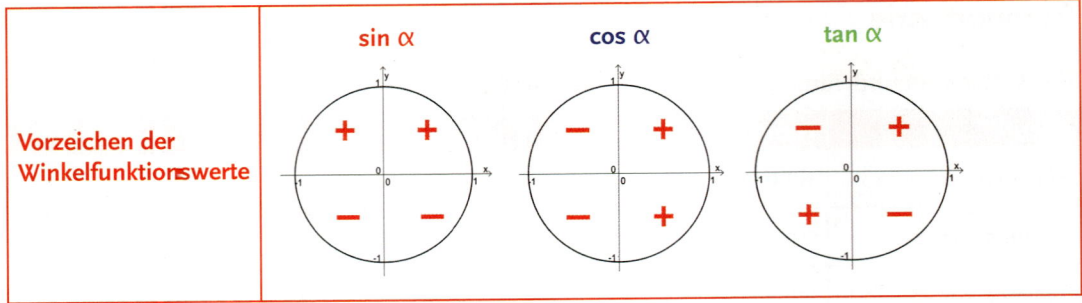

	sin α	cos α	tan α
Vorzeichen der Winkelfunktionswerte			

Winkelfunktionswerte für die Winkel 0°, 30°, 45°, 60° und 90°

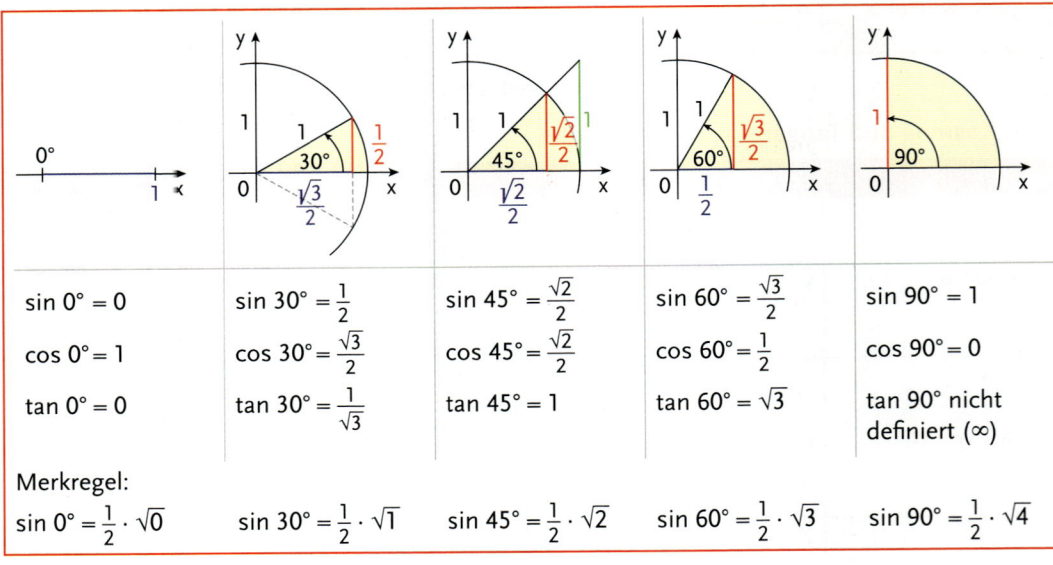

$\sin 0° = 0$	$\sin 30° = \dfrac{1}{2}$	$\sin 45° = \dfrac{\sqrt{2}}{2}$	$\sin 60° = \dfrac{\sqrt{3}}{2}$	$\sin 90° = 1$
$\cos 0° = 1$	$\cos 30° = \dfrac{\sqrt{3}}{2}$	$\cos 45° = \dfrac{\sqrt{2}}{2}$	$\cos 60° = \dfrac{1}{2}$	$\cos 90° = 0$
$\tan 0° = 0$	$\tan 30° = \dfrac{1}{\sqrt{3}}$	$\tan 45° = 1$	$\tan 60° = \sqrt{3}$	$\tan 90°$ nicht definiert (∞)

Merkregel:

$\sin 0° = \dfrac{1}{2} \cdot \sqrt{0}$	$\sin 30° = \dfrac{1}{2} \cdot \sqrt{1}$	$\sin 45° = \dfrac{1}{2} \cdot \sqrt{2}$	$\sin 60° = \dfrac{1}{2} \cdot \sqrt{3}$	$\sin 90° = \dfrac{1}{2} \cdot \sqrt{4}$

Symmetriebeziehungen

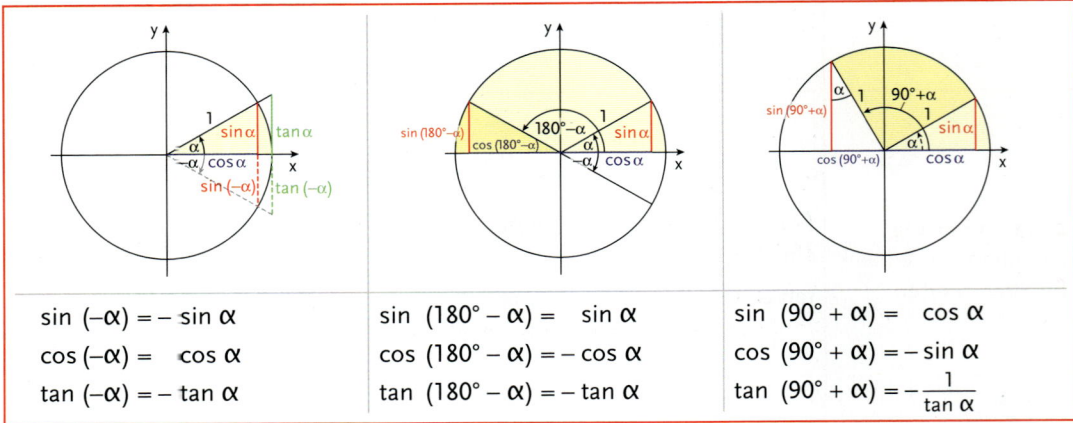

$\sin(-α) = -\sin α$	$\sin(180° - α) = \sin α$	$\sin(90° + α) = \cos α$
$\cos(-α) = \cos α$	$\cos(180° - α) = -\cos α$	$\cos(90° + α) = -\sin α$
$\tan(-α) = -\tan α$	$\tan(180° - α) = -\tan α$	$\tan(90° + α) = -\dfrac{1}{\tan α}$

Trigonometrische Flächenformeln

Formeln	Darstellung
$A = \dfrac{a \cdot b \cdot \sin \gamma}{2} = \dfrac{a \cdot c \cdot \sin \beta}{2} = \dfrac{b \cdot c \cdot \sin \alpha}{2}$	

Sätze für das allgemeine Dreieck

Begriff	Formeln	Darstellung
Sinussatz	Die Seiten eines Dreiecks verhalten sich wie die Sinuswerte ihrer **gegenüberliegenden** Winkel. $\dfrac{a}{\sin \alpha} = \dfrac{b}{\sin \beta} = \dfrac{c}{\sin \gamma}$	
Sinussatz (2 Lösungen)	Sind zwei Seiten und ein anliegender Winkel gegeben und der gegebene Winkel liegt der kürzeren Seite gegenüber, so gibt es zwei Lösungen.	
Kosinussatz	$a^2 = b^2 + c^2 - 2 \cdot b \cdot c \cdot \cos \alpha$ $b^2 = a^2 + c^2 - 2 \cdot a \cdot c \cdot \cos \beta$ $c^2 = a^2 + b^2 - 2 \cdot a \cdot b \cdot \cos \gamma$ Spezialfall: für $\gamma = 90°$ ist $\cos 90° = 0$ und dann gilt: $c^2 = a^2 + b^2$ (Satz des Pythagoras)	
Winkel bei Vermessungen	**Höhenwinkel:** Von der Horizontalen wird nach oben (in die Höhe) gemessen. **Tiefenwinkel:** Von der Horizontalen wird nach unten (in die Tiefe) gemessen. **Sehwinkel:** Winkel, unter dem ein Objekt gesehen wird.	

Bogenmaß eines Winkels

Begriff	Formeln	Darstellung
Radiant rad	**1 rad (1 Radiant)** ist derjenige Winkel, bei dem der zugehörige Bogen eines Kreissektors mit dem Radius ident ist. $1\ \text{rad} = \dfrac{180°}{\pi} \approx 57{,}296°$	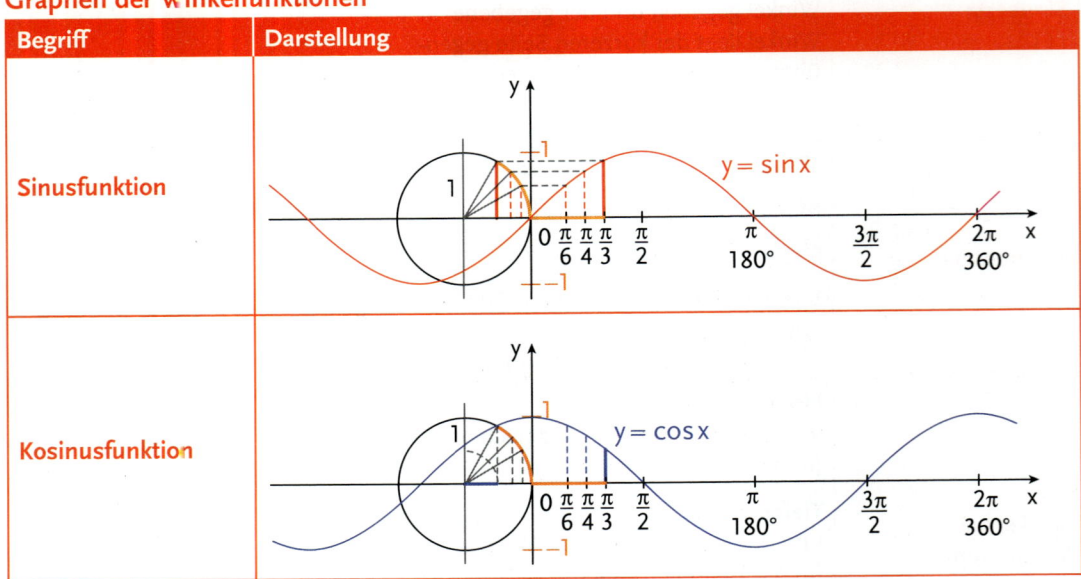
Bogenmaß	Für einen Kreissektor mit Radius r und Bogenlänge b nennt man das Verhältnis von Bogenlänge b zu Radius r das **Bogenmaß x** des zugehörigen Winkels. $x = \dfrac{b}{r} = \dfrac{\alpha \cdot \pi}{180°}$	

α	x
360°	2π
180°	π
90°	$\dfrac{\pi}{2}$
0°	0

Graphen der Winkelfunktionen

Begriff	Darstellung
Sinusfunktion	$y = \sin x$
Kosinusfunktion	$y = \cos x$

Tangensfunktion	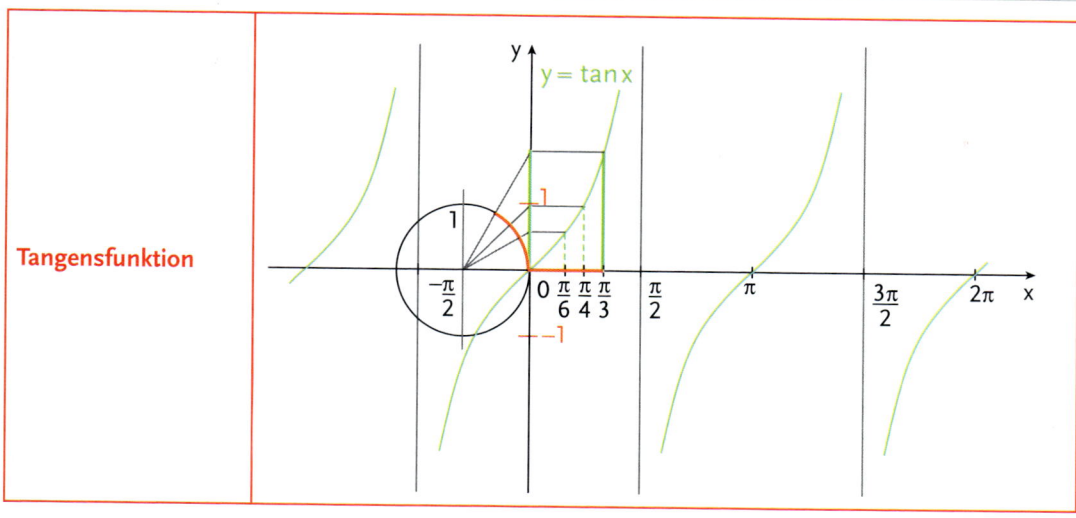

Eigenschaften der Sinus- und Kosinusfunktion

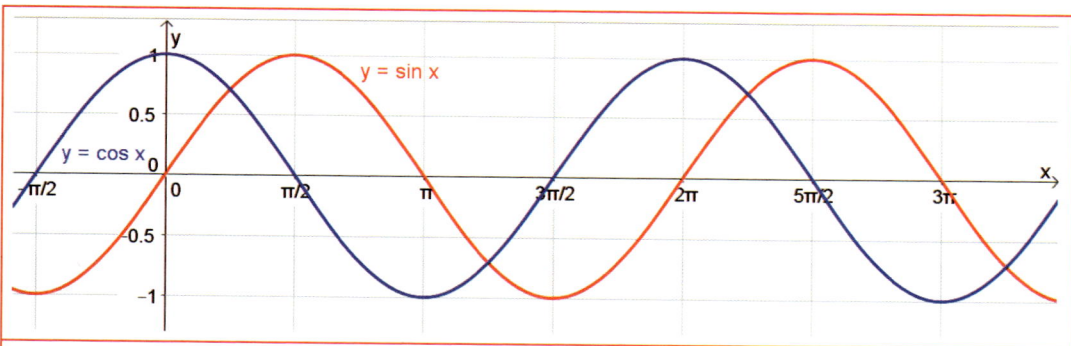

- Die Sinus- und die Kosinusfunktion sind **periodische** Funktionen.
  Die Periodenlänge beträgt 2π, das entspricht 360°.
- Die Sinusfunktion schneidet die x-Achse bei: $\ldots, -2\pi, -\pi, 0, \pi, 2\pi, \ldots$
- Die Kosinusfunktion schneidet die x-Achse bei: $\ldots, -\frac{3\pi}{2}, -\frac{\pi}{2}, \frac{\pi}{2}, \frac{3\pi}{2}, \ldots$
- Der Graph der Sinusfunktion ist gegenüber dem der Kosinusfunktion auf der x-Achse um $\frac{\pi}{2}$ verschoben.

Eigenschaften der Tangensfunktion

- Die Tangensfunktion ist eine **periodische** Funktion. Die Periodenlänge beträgt π, das entspricht 180°.
- Die Tangensfunktion schneidet die x-Achse bei: $\ldots, -2\pi, -\pi, 0, \pi, 2\pi, \ldots$
- Die Stellen, an denen der Graph eine Asymptote (Grenzgerade) hat, die parallel zur y-Achse verläuft, sind:
  $\ldots, -\frac{3\pi}{2}, -\frac{\pi}{2}, \frac{\pi}{2}, \frac{3\pi}{2}, \ldots$
  Der Funktionswert der Tangensfunktion nimmt innerhalb der Intervalle
  $\ldots, \left]-\frac{3\pi}{2}; -\frac{\pi}{2}\right[, \left]-\frac{\pi}{2}; \frac{\pi}{2}\right[, \left]\frac{\pi}{2}; \frac{3\pi}{2}\right[, \ldots$ beständig zu.

Wachstums- und Abnahmeprozesse

Exponentialfunktion

Begriff	Beschreibung
Exponentialfunktion	$y = a^x$ für $a \in \mathbb{R}^+ \setminus \{1\}$, $x \in \mathbb{R}$ und $y \in \mathbb{R}^+$ $a > 1$ Die Funktion ist steigend. $0 < a < 1$ Die Funktion ist fallend. Die Graphen der Funktionen verlaufen durch die Punkte $(0|1)$ und $(1|a)$.
	Die Graphen der Funktionen mit $y = a^x$ und $y = a^{-x} = \left(\frac{1}{a}\right)^x$ sind spiegelsymmetrisch bezüglich der y-Achse.
Allgemeine Form der Exponentialfunktion	$y = c \cdot a^x + d$ für $c \in \mathbb{R} \setminus \{0\}$ und $d \in \mathbb{R}$ Die Graphen der Funktionen verlaufen durch die Punkte $(0|c + d)$ und $(1|c \cdot a + d)$.

Logarithmen

Begriff	Beschreibung
Logarithmus von b zur Basis a	$x = \log_a b \iff a^x = b$ für $a \in \mathbb{R}^+ \setminus \{1\}$, $b \in \mathbb{R}^+$ und $x \in \mathbb{R}$ x heißt Logarithmus von b zur Basis a. b heißt Numerus.
Logarithmieren und Entlogarithmieren	$a^x = b \iff x = \log_a b$ Das Berechnen eines Exponenten zu einer gegebenen Basis heißt **Logarithmieren.**
	$\log_a x = c \iff x = a^c$ Das Berechnen eines Numerus zu einem gegebenen Logarithmus heißt **Entlogarithmieren.**
	$a^{\log_a b} = b \qquad \log_a a^b = b$ Entlogarithmieren und Logarithmieren heben einander auf.
Logarithmen mit verschiedener Basis	$\log_{10} x = \lg x$ **dekadischer** Logarithmus $\log_e x = \ln x$ **natürlicher** Logarithmus mit $e = 2{,}718\,281\,828\ldots$ $\log_2 x = \text{lb } x$ **binärer** Logarithmus

Rechenregeln für Logarithmen	$\log_a (u \cdot v) = \log_a u + \log_a v$ Insbesondere gilt: $\log_a \dfrac{u}{v} = \log_a u - \log_a v$ $\log_a \dfrac{1}{v} = -\log_a v$ für $a \in \mathbb{R}^+ \setminus \{1\}$ $\log_a u^v = v \cdot \log_a u$ $\log_a \sqrt[n]{u} = \dfrac{1}{n} \cdot \log_a u$ für $n \in \mathbb{N} \setminus \{0\}$
Spezielle Logarithmen	$\log_a 1 = 0$ $\log_a a^n = n$ $\log_a a = 1$ $\log_a \dfrac{1}{a} = -1$
Umrechnung zwischen Logarithmen (mit verschiedenen Basen)	$\log_a b = \dfrac{\lg b}{\lg a} = \dfrac{\ln b}{\ln a}$

Exponentialgleichungen

Begriff	Beschreibung
Exponential-gleichungen	$a^x = b^x \iff x = 0$ für $a \neq b$ $a^u = a^v \iff u = v$ für $a \in \mathbb{R}^+ \setminus \{1\}$ $a^x = b \iff x = \log_a b = \dfrac{\lg b}{\lg a} = \dfrac{\ln b}{\ln a}$

Logarithmusfunktion

Begriff	Beschreibung	Darstellung
Logarithmusfunktion zur Basis a	$y = \log_a x$ für $a \in \mathbb{R}^+ \setminus \{1\}$ $a > 1$ Die Funktion ist steigend. $0 < a < 1$ Die Funktion ist fallend. Logarithmusfunktionen sind für $x > 0$ definiert. Die y-Achse ist Asymptote. Die Graphen der Logarithmusfunktion verlaufen durch die Punkte (1|0) und (a|1).	
Logarithmusfunktion als Umkehrfunktion der Exponential-funktion	$f(x) = a^x$ $f^{-1}(x) = \log_a x$ $x = a^y \iff y = \log_a x$ für $a \in \mathbb{R}^+ \setminus \{1\}$	

Wachstum und Zerfall

Begriff	Beschreibung	Darstellung
Lineares Wachstum, lineare Abnahme	$y(t) = y_0 + t \cdot k$ $\quad$ mit $t \in \mathbb{R}_0^+$ $y(t)$ $\qquad$ Bestand zum Zeitpunkt t y_0 $\qquad$ Anfangswert $k > 0$ $\qquad$ lineares Wachstum $k < 0$ $\qquad$ lineare Abnahme In jedem Zeitschritt verändert sich der Bestand um den konstanten Wert k.	
Exponentielles Wachstum, exponentieller Zerfall	$y(t) = y_0 \cdot (1 + i)^t$ $\quad$ mit $t \in \mathbb{R}_0^+$ $y(t)$ $\qquad$ Bestand zum Zeitpunkt t $\qquad$ Bestand zum Zeitpunkt 0, Anfangswert y_0 i $\qquad$ (prozentuelle) Änderungsrate $i > 0$ $\qquad$ exponentielle Zunahme $-1 < i < 0$ $\qquad$ exponentielle Abnahme, Zerfall $1 + i$ $\qquad$ Zunahme- bzw. Abnahmefaktor **Exponentielles Wachstum** Gleiche **absolute** Zunahmen der t-Werte bewirken gleiche **prozentuelle Zunahmen** der Funktionswerte. Eine exponentielle Zunahme ist ein konstantes relatives (prozentuelles) Wachstum. **Exponentieller Zerfall** Gleiche **absolute** Zunahmen der t-Werte bewirken gleiche **prozentuelle Abnahmen** der Funktionswerte. Eine exponentielle Abnahme ist daher eine konstante relative (prozentuelle) Abnahme. $y(t) = y_0 \cdot (1 + i)^t$ $\qquad e^\lambda = 1 + i$ $y(t) = y_0 \cdot e^{\lambda \cdot t}$ $\qquad \lambda = \ln(1 + i)$	
	Verdoppelungszeit T $T = \dfrac{\ln 2}{\ln(1 + i)}$ $\qquad T = \dfrac{\ln 2}{\lambda}$	

Exponentielles Wachstum, exponentieller Zerfall	**Halbwertszeit $T_{1/2}$** $$T_{1/2} = \frac{\ln \frac{1}{2}}{\ln(1 + i)} \qquad T_{1/2} = \frac{\ln \frac{1}{2}}{\lambda}$$	
Beschränktes Wachstum, beschränkte Abnahme	**Beschränktes Wachstum** Der Zuwachs ist proportional zur Restkapazität. $y(t) = S - a \cdot e^{-\lambda \cdot t}$ mit $t \in \mathbb{R}_0^+$ und $\lambda > 0$ **Beschränkte Abnahme** Die Abnahme ist proportional zur Restkapazität. $y(t) = S + a \cdot e^{-\lambda \cdot t}$ mit $t \in \mathbb{R}_0^+$ und $\lambda > 0$ $y(t)$ Bestand zum Zeitpunkt t S Sättigungswert $a = |S - y_0|$	
Logistisches Wachstum	Der Zuwachs ist proportional zu Bestand und Restkapazität. Die Kurve der logistischen Wachstumsfunktion ist s-förmig. $$y(t) = \frac{S}{1 + b \cdot e^{-k \cdot t}} \text{ mit } t \in \mathbb{R}_0^+$$ $$y(t) = \frac{S}{1 + b \cdot a^t} \quad \text{ mit } a = e^{-k}$$ $y(t)$ Bestand zum Zeitpunkt t S Sättigungswert $b = \dfrac{S - y_0}{y_0}$ $b > 0$ Wachstum $b < 0$ Abnahme	

Finanzmathematik

Zins- und Zinseszinsrechnung

Begriff	Beschreibung
Grundbegriffe	i ganzjähriger dekursiver Zinssatz d ganzjähriger antizipativer Zinssatz K_0 Barwert des Kapitals n Verzinsungsdauer in Jahren K_n Endwert des Kapitals Z Zinsen **Dekursive Verzinsung** $K_n = K_0 + Z$ Endkapital = Anfangskapital + Zinsen **Antizipative Verzinsung** $K_0 = K_n - Z$ Anfangskapital = Endkapital − Zinsen
Einfache dekursive Verzinsung	$Z = K_0 \cdot i \cdot n$ Endwertformel: Barwertformel: $K_n = K_0 \cdot (1 + i \cdot n)$ $K_0 = \dfrac{K_n}{1 + i \cdot n}$ Tageszinsformel für $n = \dfrac{T}{360}$: $K_n = K_0 \cdot \left(1 + i \cdot \dfrac{T}{360}\right)$ T Anzahl der Zinstage
Einfache antizipative Verzinsung	$Z = K_n \cdot d \cdot n$ Endwertformel: Barwertformel: $K_n = \dfrac{K_0}{1 - d \cdot n}$ $K_0 = K_n \cdot (1 - d \cdot n)$ Umrechnung von Zinssätzen: $K_0 \cdot (1 + i) = \dfrac{K_0}{1 - d} \Leftrightarrow 1 + i = \dfrac{1}{1 - d} \Leftrightarrow i = \dfrac{d}{1 - d}$
Dekursiver Zinseszins	Dekursiver Aufzinsungsfaktor: Dekursiver Abzinsungsfaktor: $r = 1 + i$ $\dfrac{1}{1 + i} = (1 + i)^{-1} = \dfrac{1}{r} = r^{-1}$ Endwertformel: Barwertformel: $K_n = K_0 \cdot (1 + i)^n = K_0 \cdot r^n$ $K_0 = \dfrac{K_n}{(1 + i)^n} = K_n \cdot (1 + i)^{-n} =$ $= K_n \cdot r^{-n}$

Barwert eines Zahlungsstromes	Ein Zahlungsstrom (Cashflow) von n Zahlungen $Z_1, Z_2, \ldots, Z_n$, die zu den Zeitpunkten $t_1, t_2, \ldots, t_n$ erfolgen, wird durch Abzinsen mit dem Zinssatz i auf den Zeitpunkt Null bewertet:
	
	0 ▶ t_1 t_2 t_3 ... t_n Zahlungszeitpunkte
	      Z_1 Z_2 Z_3 ... Z_n Zahlungsstrom t in Jahren
	                            (Cashflow)
	
	PV Present Value/Barwert:
	
	$$PV = \frac{Z_1}{(1+i)^{t_1}} + \frac{Z_2}{(1+i)^{t_2}} + \ldots + \frac{Z_n}{(1+i)^{t_n}} = \sum_{k=1}^{n} \frac{Z_k}{(1+i)^{t_k}} = \sum_{k=1}^{n} Z_k \cdot (1+i)^{-t_k}$$

Durchschnittlicher (mittlerer) Zinssatz	z_1 Zinssatz im ersten Jahr z_2 Zinssatz im zweiten Jahr $\vdots$ z_n Zinssatz im n-ten Jahr $$\bar{z} = \sqrt[n]{(1+z_1) \cdot (1+z_2) \cdot \ldots \cdot (1+z_n)} - 1$$
Unterjährige Zinssätze	i_m unterjähriger Zinssatz i Jahreszinssatz, Verzinsung p. a. (pro anno) i_2 Semesterzinssatz, Verzinsung p. s. (pro semester) i_4 Quartalszinssatz, Verzinsung p. q. (pro quartal) i_{12} Monatszinssatz, Verzinsung p. m. (pro mense)
Unterjährige dekursive Verzinsung	n Jahre haben $n \cdot m$ Zinsperioden, der Aufzinsungsfaktor der Zinsperiode ist $r_m = 1 + i_m$. $K_n = K_0 \cdot (1 + i_m)^{n \cdot m} = K_0 \cdot r_m^{n \cdot m}$ dekursive unterjährige **Endwertformel** $K_0 = \dfrac{K_n}{(1 + i_m)^{n \cdot m}} = K_n \cdot (1 + i_m)^{-n \cdot m}$ dekursive unterjährige **Barwertformel**
Stetige Verzinsung	$K_n = K_0 \cdot e^{i_\infty \cdot n}$ i_∞ stetiger Zinssatz $e^{i_\infty} = 1 + i$ $i_\infty = \ln(1 + i)$
Nomineller Jahreszinssatz	Der Zinssatz $m \cdot i_m$ heißt nomineller Jahreszinssatz oder Nominalzinssatz.
Äquivalente Zinssätze	Äquivalente Zinssätze ergeben in gleichen Zeiten aus gleichen Barwerten gleiche Endwerte. $(1 + i_m)^m = 1 + i$ $(1 + i_{12})^{12} = (1 + i_4)^4 = (1 + i_2)^2 = 1 + i$

Rentenrechnung

Begriff	Beschreibung

Vorschüssige und nachschüssige Rente	R Rate
	n Rentendauer
	PV Present Value
	oder
	     Barwert B
	FV Final Value oder
	     Endwert E

Äquivalenzprinzip	Die **Leistung** des Rentenbeziehers ist gleich der **Gegenleistung** des Rentenzahlers, beide bezogen auf denselben Zeitpunkt.
Geometrische Folge	$q = \dfrac{b_n}{b_{n-1}}$ Quotient $q \neq 1$ b_1 erstes Glied $b_n = b_1 \cdot q^{n-1}$ n-tes Glied
Summenformel einer geometrischen Folge	$s_n = b_1 \cdot \dfrac{q^n - 1}{q - 1} \Leftrightarrow s_n = b_1 \cdot \dfrac{1 - q^n}{1 - q}$ Summe der ersten n Glieder

Bar- und Endwert einer Jahresrente		Barwert	Endwert
	nachschüssig	$B_{nach} = R \cdot \dfrac{q^n - 1}{q - 1} \cdot \dfrac{1}{q^n}$	$E_{nach} = R \cdot \dfrac{q^n - 1}{q - 1}$
	vorschüssig	$B_{vor} = R \cdot \dfrac{q^n - 1}{q - 1} \cdot \dfrac{1}{q^{n-1}}$	$E_{vor} = R \cdot \dfrac{q^n - 1}{q - 1} \cdot q$

Zusammenhang zwischen Bar- und Endwerten		Barwert	Endwert
	$q = 1 + i$ $i = q - 1$	$B = E \cdot \dfrac{1}{q^n}$	$E = B \cdot q^n$
		$B_{vor} = B_{nach} \cdot q$	$E_{vor} = E_{nach} \cdot q$

Begriff	Beschreibung
Unterjährige Renten (ISMA-Methode)	n Rentendauer in Jahren p Anzahl der Raten pro Jahr ($p = 1, 2, 4, 12$) $N = n \cdot p$ Anzahl der Raten i_m gegebener unterjähriger Zinssatz mit m Verzinsungs-perioden pro Jahr ($m = 1, 2, 4, 12$) Umrechnung von i_m in den äquivalenten Zinssatz i_p: $q = (1 + i_m)^m$ $q_p = \sqrt[p]{q} = (1 + i_m)^{\frac{m}{p}}$ $i_p = (1 + i_m)^{\frac{m}{p}} - 1 = q_p - 1$ äquivalenter, auf die Rentenperiode bezogener Zinssatz

		Barwert	Endwert
	nachschüssig	$B_{nach} = R \cdot \dfrac{q_p^N - 1}{q_p - 1} \cdot \dfrac{1}{q_p^N}$	$E_{nach} = R \cdot \dfrac{q_p^N - 1}{q_p - 1}$
	vorschüssig	$B_{vor} = R \cdot \dfrac{q_p^N - 1}{q_p - 1} \cdot \dfrac{1}{q_p^{N-1}}$	$E_{vor} = R \cdot \dfrac{q_p^N - 1}{q_p - 1} \cdot q_p$

Ewige Renten	Barwert vorschüssiger ewiger Jahresrenten: $B_{\text{ewig, vor}} = \lim\limits_{n \to \infty} B_{\text{vor}} = \lim\limits_{n \to \infty} R \cdot \dfrac{1 - r^{-n}}{i} \cdot r = R \cdot \dfrac{r}{i}$ Barwert nachschüssiger ewiger Jahresrenten: $B_{\text{ewig, nach}} = \lim\limits_{n \to \infty} B_{\text{nach}} = \lim\limits_{n \to \infty} R \cdot \dfrac{1 - r^{-n}}{i} = \dfrac{R}{i}$
Effektivzinssatz	Der **Effektivzinssatz i** ist derjenige dekursive Jahreszinssatz, bei dessen Anwendung Leistung und Gegenleistung äquivalent sind. Meistens stehen einer Zahlung C_1 mehrere Rückzahlungsbeträge D_l gegenüber: 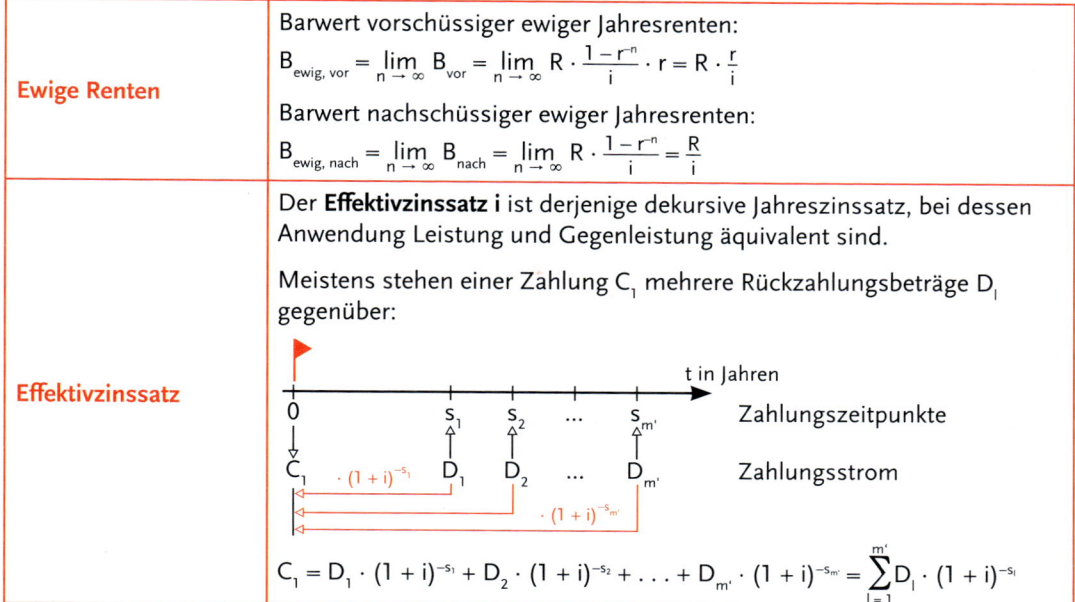 $C_1 = D_1 \cdot (1 + i)^{-s_1} + D_2 \cdot (1 + i)^{-s_2} + \ldots + D_{m'} \cdot (1 + i)^{-s_{m'}} = \sum\limits_{l=1}^{m'} D_l \cdot (1 + i)^{-s_l}$

Schuldtilgung

Begriff	Beschreibung
Tilgungsplan	<table><tr><td>Zeilennr. h</td><td>Zinsen Z_h</td><td>Tilgung T_h</td><td>Annuität A_h</td><td>Restschuld K_h</td></tr></table> $0 \leqslant h \leqslant n$ n Tilgungsdauer
Formeln zur Berechnung von Tilgungsplänen	$Z_h = K_{h-1} \cdot i$ $T_h = A_h - Z_h$ $K_h = K_{h-1} - T_h$ Letzte Zeile: $T_n = K_{n-1}$ $K_n = 0$ $\qquad$ für $1 \leqslant h \leqslant n$
Annuitätenschuld ohne Rest	Bei der **Annuitätenschuld ohne Rest** wird in jedem der n Jahre die gleich hohe Annuität $A = K_0 \cdot \dfrac{i}{1 - r^{-n}}$ bezahlt. Restschuld K_h am Ende des Jahres h $K_h = K_0 - T_1 \cdot \dfrac{r^h - 1}{i}$
Annuitätenschuld mit Rest	Bei der **Annuitätenschuld mit Rest** wird N Jahre die gleich hohe Annuität A und im Jahr N + 1 eine Schlusszahlung A_{N+1}, die kleiner ist als die zuvor entrichteten Annuitäten, bezahlt.

Konversion eine* Schuld	Die **Konversion** (Konvertierung) einer Schuld ist die Änderung der Tilgungsbedingungen während der Laufzeit des Tilgungsplanes. Der letzte Schuldrest des alten Tilgungsplanes ist die neue Anfangsschuld für den neuen Tilgungsplan.

Investitionsrechnung

Begriff	Beschreibung
Grundbegriffe	A_0 Kapitaleinsatz, Anschaffungskosten n Nutzungsdauer in Jahren $A_1, A_2, \ldots, A_n$ laufende jährliche Ausgaben $E_1, E_2, \ldots, E_n$ laufende jährliche Einnahmen; E_n inklusive Liquidationserlös, Restwert $R_t = E_t - A_t$ Rückfluss im Jahr t, Ertrag im Jahr t i_k kalkulatorischer Zinssatz
Kapitalwert C_0 (Net Present Value NPV oder Goodwill)	$$C_0 = -A_0 + \sum_{t=1}^{n} \frac{E_t - A_t}{(1+i_k)^t} = -A_0 + \underbrace{\sum_{t=1}^{n} R_t \cdot (1+i_k)^{-t}}_{PV}$$ Der **Kapitalwert C_0** ist die Summe der auf den Zeitpunkt der Anschaffung abgezinsten Rückflüsse PV (Einnahmen minus Ausgaben) minus den Anschaffungskosten. Eine Investition ist vorteilhaft, wenn **$C_0 > 0$** ist.
Annuitätenmethode	$$A = C_0 \cdot \frac{i_k}{1-(1+i_k)^{-n}}$$ Die **Annuität A** ist der auf die Nutzungsdauer aufgeteilte Kapitalwert. $\dfrac{i_k}{1-(1+i_k)^{-n}}$ **Wiedergewinnungsfaktor** Eine Investition ist vorteilhaft, wenn **$A > 0$** ist.
Methode des internen Zinssatzes	$$C_0(i_0) = 0 \iff 0 = -A_0 + \sum_{t=1}^{n} \frac{R_t}{(1+i_0)^t}$$ Der **Zinssatz i_0**, für den der **Kapitalwert gleich null** ist, heißt **interner Zinssatz** (**I**nternal **R**ate of **R**eturn **IRR**). Eine Investition ist vorteilhaft, wenn **$i_0 > i_k$** ist. (IRR $> i_k$) i_k Kalkulationszinssatz Die **Kapitalwertkurve** stellt den Kapitalwert C_0 einer Investition in Abhängigkeit vom Kalkulationszinssatz i_k dar. Die **Nullstelle** dieser Kurve ist der **interne Zinssatz i_0**.

Methode des modifizierten internen Zinssatzes	i_r Wiederveranlagungszinssatz, Reinvestitionszinssatz Endwert der mit dem Wiederveranlagungszinssatz i_r aufgezinsten Rückflüsse: $$E = \sum_{t=1}^{n} R_t \cdot (1 + i_r)^{n-t}$$ Äquivalenzgleichung zur Berechnung des i_{mod}: $A_0 \cdot (1 + i_{mod})^n = E$ $$i_{mod} = \sqrt[n]{\frac{E}{A_0}} - 1$$ Der **modifizierte interne Zinssatz i_{mod}** ist jener Zinssatz, für den die zu diesem Zinssatz i_{mod} aufgezinsten Anschaffungskosten A_0 den selben Ertrag bringen wie der Endwert E der mit i_r reinvestierten Rückflüsse. Eine Investition ist vorteilhaft, wenn der modifizierte interne Zinssatz größer ist als der sichere Wiederveranlagungszinssatz: $\mathbf{i_{mod} > i_r}$

Kurs- und Rentabilitätsrechnung

Begriff	Beschreibung
Grundbegriffe	**Nominelle Größen** K_0 Nominalwert, Nennwert der Anleihe K Kuponzahlung $K = K_0 \cdot i$ i nomineller verbriefter Zinssatz n Laufzeit in Jahren
	Vom Markt abhängige Größen K_0' Realkapital, Kaufpreis, Barwert der künftigen Leistungen des Schuldners zum effektiven Zinssatz i' i' effektiver Zinssatz, Rendite, Rentabilität i_M Marktzinssatz, der sich an der Sekundärmarktrendite orientiert $PV(i_M)$ Barwert der Anleihe zum Marktzinssatz i_M
Emissionskurs (Ausgabekurs)	Der **Emissionskurs (Ausgabekurs) C_0** heißt **al pari,** wenn $C_0 = 100$ **unter pari,** wenn $C_0 < 100$ (Disagio, Abgeld) **über pari,** wenn $C_0 > 100$ (Agio, Aufgeld)
Kaufpreis, Ausgabekurs und Tilgungsbetrag	**Kaufpreis** $K_0' = \dfrac{C_0}{100} \cdot K_0$ **Ausgabekurs** $C_0 = \dfrac{K_0'}{K_0} \cdot 100$ **Tilgungsbetrag** $T = \dfrac{C_n}{100} \cdot K_0$ Der **Marktzins i_M** orientiert sich an der Sekundärmarktrendite. Im Normalfall gilt: $\mathbf{i' = i_M}$, d. h., die Rendite entspricht dem Marktzins.

Zusammenhang zwischen Kurs und Effektivverzinsung	Je niedriger der Kurs C, umso höher ist die Effektivverzinsung i', und je höher der Kurs, umso niedriger ist die Effektivverzinsung. $i' < i \Leftrightarrow K_0' > K_0 \Leftrightarrow C > 100$ Notierung über pari $i' > i \Leftrightarrow K_0' < K_0 \Leftrightarrow C < 100$ Notierung unter pari $i' = i \Leftrightarrow K_0' = K_0 \Leftrightarrow C = 100$ Notierung al pari
Kursformeln bei Tilgung zum Nennwert	Barwert $PV(i_M) = K_0 \cdot i \cdot \dfrac{1 - (1 + i_M)^{-n}}{i_M} + T \cdot (1 + i_M)^{-n}$ Kurs $C(i_M) = 100 \cdot i \cdot \dfrac{1 - (1 + i_M)^{-n}}{i_M} + 100 \cdot (1 + i_M)^{-n}$ für $K_0 = 100$

Analysis

Folgen und Reihen

Begriff	Beschreibung
Definition einer Folge	Eine unendliche reelle **Zahlenfolge,** kurz **Folge,** ist eine **eindeutige Zuordnung,** eine Funktion, die jeder natürlichen Zahl $n > 0$ genau eine reelle Zahl a_n zuordnet. $n \mapsto a_n$ $n \in \mathbb{N} \setminus \{0\}$ Schreibweise: $\langle a_n \rangle = \langle a_1, a_2, a_3, \dots \rangle$ oder $(a_n) = (a_1, a_2, a_3, \dots)$ $a_1, a_2, a_3, \dots, a_n$ Glieder der Folge $i = 1, 2, 3, \dots, n$ heißt **Index** der Folge und gibt an, welches Glied gemeint ist.
Festlegung einer Folge	Durch eine eindeutige Zuordnung, die durch einen **erzeugenden Term** oder eine Rekursionsformel gegeben ist. Bei einer **Rekursionsformel** wird ein Folgenglied aus einem oder mehreren vorhergehenden Gliedern berechnet.

Begriff	Beschreibung	Darstellung
Grafische Darstellung	Punktgraph in einem Koordinatensystem	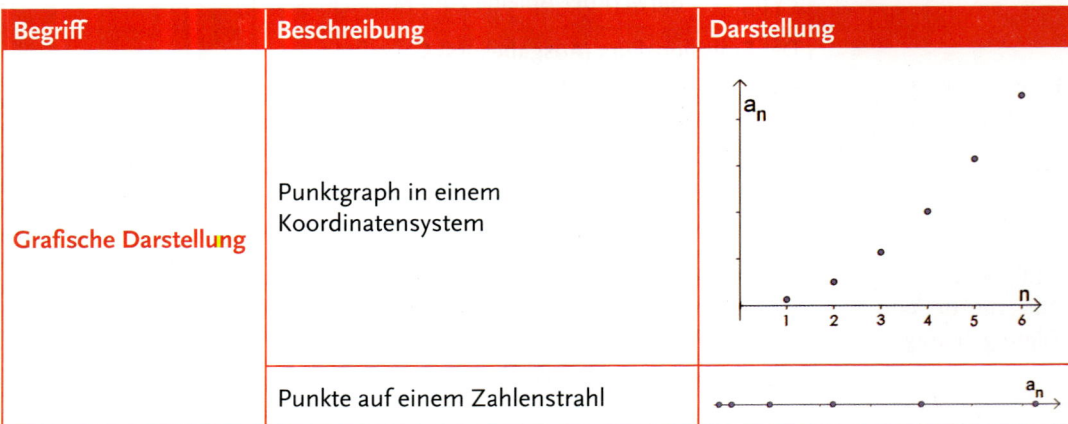
	Punkte auf einem Zahlenstrahl	

Monotonie	■ Eine Folge $\langle a_n \rangle$ heißt **streng monoton steigend (wachsend),** wenn $a_{n+1} > a_n$. ■ Eine Folge $\langle a_n \rangle$ heißt **monoton steigend,** wenn $a_{n+1} \geqslant a_n$.	**für alle $n \in \mathbb{N}^*$**
	■ Eine Folge $\langle a_n \rangle$ heißt **streng monoton fallend,** wenn $a_{n+1} < a_n$. ■ Eine Folge $\langle a_n \rangle$ heißt **monoton fallend,** wenn $a_{n+1} \leqslant a_n$.	
Alternierende Folge	Eine Folge $\langle a_n \rangle$ heißt **alternierend,** wenn die Vorzeichen der Glieder abwechseln.	
Beschränktheit	■ Eine Folge $\langle a_n \rangle$ heißt nach **oben beschränkt,** wenn es eine Zahl A gibt, so dass **alle** Glieder der Folge kleiner oder gleich A sind: $a_n \leqslant A$ für $n \geqslant 1$ A heißt **obere Schranke** der Folge $\langle a_n \rangle$. ■ Eine Folge $\langle a_n \rangle$ heißt nach **unten beschränkt,** wenn es eine Zahl B gibt, so dass alle Glieder der Folge größer oder gleich B sind: $a_n \geqslant B$ für $n \geqslant 1$ B heißt **untere** Schranke der Folge $\langle a_n \rangle$. ■ Eine Folge $\langle a_n \rangle$ heißt **beschränkt,** wenn sie nach oben und nach unten beschränkt ist, d. h., wenn es Zahlen A und B gibt, so dass gilt: $B \leqslant a_n \leqslant A$	
Grenzwert einer Folge	Eine Zahl $a \in \mathbb{R}$ heißt **Grenzwert** der Folge $\langle a_n \rangle$, wenn in jeder beliebig kleinen Umgebung von a schließlich fast alle Glieder der Folge liegen. Eine Zahl $a \in \mathbb{R}$ heißt **Grenzwert** der Folge $\langle a_n \rangle$, wenn es **zu jedem** $\varepsilon > 0$ ein $n_0 \in \mathbb{N}$ gibt, mit $|a_n - a| < \varepsilon$ für alle $n \geqslant n_0$.	

Grenzwert einer Folge	$\lim\limits_{n\to\infty} a_n = a$ ist der Grenzwert von $\langle a_n\rangle$ für n gegen unendlich. Man sagt: $\langle a_n\rangle$ konvergiert gegen a oder $\langle a_n\rangle$ strebt gegen a. Symbolisch: $\langle a_n\rangle \to a$.
	Eine Folge $\langle a_n\rangle$ heißt **Nullfolge,** wenn Sie den Grenzwert 0 hat. $\lim\limits_{n\to\infty} a_n = 0$
	Eine Folge $\langle a_n\rangle$ heißt **konvergent,** wenn sie **genau einen Grenzwert** besitzt. Eine Folge $\langle a_n\rangle$ heißt **divergent,** wenn sie **keinen Grenzwert** besitzt. Jede Folge, die monoton und beschränkt ist, ist konvergent.
Grenzwertsätze	Für konvergente Folgen $\langle a_n\rangle$ und $\langle b_n\rangle$ gilt: $\lim\limits_{n\to\infty} (a_n \pm b_n) = \lim\limits_{n\to\infty} a_n \pm \lim\limits_{n\to\infty} b_n$ $\lim\limits_{n\to\infty} (a_n \cdot b_n) = \lim\limits_{n\to\infty} a_n \cdot \lim\limits_{n\to\infty} b_n$ $\lim\limits_{n\to\infty} (a_n : b_n) = \lim\limits_{n\to\infty} a_n : \lim\limits_{n\to\infty} b_n$ alle $b_n \neq 0$ und $\lim\limits_{n\to\infty} b_n \neq 0$
Spezielle Grenzwerte	$\lim\limits_{n\to\infty} \dfrac{1}{n} = 0$ Nullfolge $\left\langle\dfrac{1}{n}\right\rangle$ $\lim\limits_{n\to\infty} c = c$ für $c \in \mathbb{R}$ konstante Folge $\lim\limits_{n\to\infty} b_1 \cdot q^{n-1} = 0$ Grenzwert der geometrischen Folge für $|q| < 1$ $\lim\limits_{n\to\infty}\left(1 + \dfrac{1}{n}\right)^n = \lim\limits_{n\to\infty}\left(\dfrac{n+1}{n}\right)^n = e$ $\lim\limits_{n\to\infty} \sqrt[n]{a} = 1$ $\lim\limits_{n\to\infty}\left(1 + \dfrac{m}{n}\right)^n = e^m$ $\lim\limits_{n\to\infty} \sqrt[n]{n} = 1$
Reihe	$s_1 = a_1$ 1. Partialsumme $s_2 = a_1 + a_2$ 2. Partialsumme $s_3 = a_1 + a_2 + a_3$ 3. Partialsumme $\vdots$ $\vdots$ $s_n = a_1 + a_2 + a_3 + \ldots + a_n$ n. Partialsumme Die Folge der Partialsummen $\langle s_n\rangle = \langle s_1, s_2, s_3, \ldots, s_n\rangle$ heißt **Reihe.** $\langle s_n\rangle = \langle a_1, a_1 + a_2, a_1 + a_2 + a_3, \ldots, a_1 + a_2 + \ldots + a_n\rangle$
Arithmetische Folge	Eine Folge $\langle a_n\rangle$ heißt **arithmetische Folge,** wenn die **Differenz d** zwischen zwei Folgengliedern **konstant** ist. Es gilt: $a_2 - a_1 = a_3 - a_2 = \ldots = a_{n+1} - a_n = \ldots = \mathbf{d}$ Bildungsgesetz: $a_n = a_1 + (n - 1) \cdot d$
Arithmetische Reihe	Die Folge der Partialsummen einer arithmetischen Folge $\langle a_1, a_2, a_3, \ldots, a_n\rangle$ $\langle s_n\rangle = \langle a_1, a_1 + a_2, a_1 + a_2 + a_3, \ldots, a_1 + a_2 + \ldots + a_n\rangle$ heißt **arithmetische Reihe.** Summe der ersten n Glieder einer arithmetischen Folge: $s_n = a_1 + a_2 + \ldots + a_n$ $s_n = \dfrac{n}{2} \cdot (a_1 + a_n) = \dfrac{n}{2} \cdot (2a_1 + (n - 1) \cdot d)$

Geometrische Folge	Eine **Folge** $\langle b_n \rangle$ heißt **geometrische Folge**, wenn der **Quotient** $q \neq 0$ zweier aufeinander folgender Glieder **konstant** ist, d. h. $\frac{b_2}{b_1} = \frac{b_3}{b_2} = \ldots = \frac{b_{n+1}}{b_n} = \ldots = q$. Bildungsgesetz: $b_n = b_1 \cdot q^{n-1}$
Geometrische Reihe	Die Folge der Partialsummen einer geometrischen Folge $\langle b_1, b_2, b_3, \ldots, b_n \rangle$ $\langle s_n \rangle = \langle b_1, b_1 + b_2, b_1 + b_2 + b_3, \ldots, b_1 + b_2 + \ldots + b_n \rangle$ heißt **geometrische Reihe.** Summe der ersten n Glieder einer geometrischen Folge: $s_n = b_1 + b_2 + \ldots + b_n$ $s_n = b_1 \cdot \frac{q^n - 1}{q - 1}$ (zweckmäßig für $q > 1$) bzw. $s_n = b_1 \cdot \frac{1 - q^n}{1 - q}$ (für $q < 1$)
Grenzwert geometrischer Folgen	Für $|q| < 1$ ist die geometrische Folge eine Nullfolge und damit **konvergent.** Für $|q| > 1$ ist die geometrische Folge **divergent.** Für $q = 1$ erhält man die konstante Folge $\langle b_1, b_1, b_1, \ldots \rangle$, die konvergent gegen b_1 ist. Für $q = -1$ erhält man die Folge $\langle b_1, -b_1, b_1, -b_1, \ldots \rangle$, die divergent ist.
Grenzwert geometrischer Reihen	Für $|q| < 1$ ist die geometrische Reihe **konvergent:** $s = \lim_{n \to \infty} s_n = \lim_{n \to \infty} b_1 \cdot \frac{1 - q^n}{1 - q} = b_1 \cdot \frac{1}{1 - q}$

Rationale Funktionen

Begriff	Beschreibung
Polynomfunktion, Ganzrationale Funktion	$f(x) = a_n \cdot x^n + a_{n-1} \cdot x^{n-1} + a_{n-2} \cdot x^{n-2} + \ldots + a_1 \cdot x + a_0$ mit $a_n \neq 0$, $n \in \mathbb{N}$ Die reellen Zahlen $a_0, a_1, \ldots, a_{n-1}, a_n$ heißen **Koeffizienten** der Funktion f. Die höchste vorkommende Hochzahl n heißt **Grad** der Funktion f. Eine ganzrationale Funktion vom Grad n hat höchstens n Nullstellen.
Gebrochenrationale Funktion	$f(x) = \frac{u(x)}{v(x)}$ mit u, v ganzrationale Funktionen Zumindest ein Koeffizient der Funktion v ist nicht gleich null ($a_i \neq 0$). Die Nullstellen der Funktion v sind **Definitionslücken** der Funktion f. Die Funktion f hat eine **Nullstelle x_0,** wenn gilt: $u(x_0) = 0$ und $v(x_0) \neq 0$ Die Funktion f hat eine **Polstelle x_p,** wenn gilt: $u(x_p) \neq 0$ und $v(x_p) = 0$

Grenzwerte von Funktionen

Begriff	Beschreibung	Darstellung
Grenzwert einer Funktion	Die reelle Zahl g heißt **Grenzwert der Funktion f** mit $y = f(x)$ an der Stelle x_0, wenn für **alle** Folgen von x-Werten, die gegen x_0 konvergieren, gilt, dass die Folgen der zugehörigen Funktionswerte f(x) gegen den **gleichen** Grenzwert g konvergieren. $\lim_{x \to x_0} f(x) = g$ oder $\lim_{\Delta x \to 0} f(x_0 + \Delta x) = g$	

Grenzwertsätze	Für $\lim\limits_{x \to x_0} u(x) = U$ und $\lim\limits_{x \to x_0} v(x) = V$	mit $U, V \in \mathbb{R}$
	$\lim\limits_{x \to x_0} [u(x) \pm v(x)] = U \pm V$	
	$\lim\limits_{x \to x_0} [u(x) \cdot v(x)] = U \cdot V$	
	$\lim\limits_{x \to x_0} \left[\dfrac{u(x)}{v(x)}\right] = \dfrac{U}{V}$	mit $V \neq 0$
	Die Grenzwertsätze gelten analog für $x \to \infty$.	
Asymptote	Eine **Gerade,** der sich der Graph einer Funktion f **beliebig annähert,** heißt **Asymptote** von f.	
Asymptoten einer gebrochenrationalen Funktion	$f(x) = \dfrac{u(x)}{v(x)}$	m = Grad von u n = Grad von v
	Für $m < n$: $\lim\limits_{x \to \infty} \left(\dfrac{u(x)}{v(x)}\right) = 0$ Es liegt eine waagrechte Asymptote mit $y = 0$ (x-Achse) vor.	
	Für $m = n$: $\lim\limits_{x \to \infty} \left(\dfrac{u(x)}{v(x)}\right) = \dfrac{a_m}{b_n}$ Es liegt eine waagrechte Asymptote vor. a_m ist der Koeffizient der höchsten Zählerpotenz, b_n ist der Koeffizient der höchsten Nennerpotenz.	
	Für $m = n + 1$: $\lim\limits_{x \to \infty} \left(\dfrac{u(x)}{v(x)}\right) = \pm\infty$ Es liegt eine schiefe Asymptote vor.	

Verhalten einer gebrochenrationalen Funktion an einer Definitionslücke	**Hebbare Definitionslücke** Der Funktionswert $f(x_0)$ ist nicht definiert. linksseitiger Grenzwert = rechtsseitiger Grenzwert $\lim\limits_{x \to x_0^-} f(x) = \lim\limits_{x \to x_0^+} f(x) = g$	
	Polstelle Der Funktionswert $f(x_0)$ ist nicht definiert. Der Grenzwert existiert nicht. $\lim\limits_{x \to x_0^-} f(x) = \pm\infty$ und $\lim\limits_{x \to x_0^+} f(x) = \pm\infty$ An der Stelle x_0 liegt eine senkrechte Asymptote mit $x = x_0$ vor.	

Stetigkeit von Funktionen	Eine Funktion f heißt **stetig** an der **Stelle $x_0 \in D$**, wenn gilt: ■ Der Grenzwert $\lim\limits_{\Delta x \to 0} f(x_0 + \Delta x)$ existiert und ■ der Grenzwert stimmt mit dem Funktionswert an dieser Stelle überein. $\lim\limits_{\Delta x \to 0} f(x_0 + \Delta x) = f(x_0)$
	Eine Funktion f heißt **stetig** in einem **Intervall,** wenn sie an jeder Stelle des Intervalls stetig ist. Ist der Graph einer Funktion zusammenhängend, ist sie stetig.
	■ Die **konstante** und die **lineare** Funktion sind in $\mathbb{R}$ stetig. ■ **Ganzrationale** Funktionen **(Polynomfunktionen)** sind in $\mathbb{R}$ stetig. ■ **Gebrochenrationale** Funktionen f mit $f(x) = \dfrac{u(x)}{v(x)}$ und u, v Polynomfunktionen sind im Definitionsbereich $D = \mathbb{R} \setminus \{x \mid v(x) = 0\}$ stetig.

Typische Fälle für Stetigkeit und Unstetigkeit einer Funktion f an einer Stelle x_0	 stetig, glatt — stetig, Knick — stetig auf $D = \mathbb{R} \setminus \{x_0\}$, x_0 Lücke — unstetig, x_0 Sprungstelle — stetig auf $D = \mathbb{R} \setminus \{x_0\}$, x_0 Polstelle

Symmetrie	Eine Funktion f heißt **gerade,** wenn ihr Graph **achsensymmetrisch** bezüglich der y-Achse ist, d. h., wenn für alle $x \in D$ gilt: **f(–x) = f(x)**	
	Eine Funktion f heißt **ungerade,** wenn ihr Graph **punktsymmetrisch** bezüglich des Koordinatenursprungs ist, d. h., wenn für alle $x \in D$ gilt: **f(–x) = –f(x)**	

Differenzialrechnung

Begriff	Beschreibung	Darstellung
Absolute Änderung	Die **absolute Änderung** der Funktionswerte der Funktion f im Intervall $[x_0; x_0 + \Delta x]$ ist definiert durch: $$\Delta y = f(x_1) - f(x_0) = f(x_0 + \Delta x) - f(x_0)$$	
Relative (prozentuelle) Änderung	Die **relative (prozentuelle) Änderung** der Funktionswerte der Funktion f im Intervall $[x_0; x_0 + \Delta x]$ ist definiert durch: $$\frac{f(x_1) - f(x_0)}{f(x_0)} = \frac{f(x_0 + \Delta x) - f(x_0)}{f(x_0)}$$	
Mittlere Änderungsrate, Differenzenquotient im Intervall $[x_0; x_0 + \Delta x]$	Der **Differenzenquotient** oder die **mittlere Änderungsrate** der Funktion f im Intervall $[x_0; x_0 + \Delta x]$ ist definiert durch: $$k = \frac{\Delta y}{\Delta x} = \frac{f(x_1) - f(x_0)}{x_1 - x_0} = \frac{f(x_0 + \Delta x) - f(x_0)}{\Delta x}$$ Der Differenzenquotient gibt die Steigung der zugehörigen Sekante an.	

Lokale Änderungsrate, Differenzialquotient	Der Grenzwert $$\lim_{\Delta x \to 0} \frac{f(x_0 + \Delta x) - f(x_0)}{\Delta x} = \frac{df}{dx}(x_0) = f'(x_0)$$ heißt **Differenzialquotient** oder **lokale Änderungsrate** der Funktion f **an der Stelle $x_0 \in D$,** falls dieser Grenzwert existiert. Der **Differenzialquotient** an der Stelle x_0 gibt die Steigung der Tangente an dieser Stelle x_0 an.	
Ableitungsfunktion f'	Die Funktion f', die jedem $x_0 \in D$ den Differenzialquotienten $f'(x_0)$ zuordnet, heißt **Ableitungsfunktion** (kurz: Ableitung) der Funktion f. $$f'(x) = \lim_{\Delta x \to 0} \frac{f(x + \Delta x) - f(x)}{\Delta x} \qquad y' = \frac{df}{dx} = f'$$	
2. Ableitung **n-te Ableitung**	$$f''(x) = \lim_{\Delta x \to 0} \frac{f'(x + \Delta x) - f'(x)}{\Delta x} \qquad y'' = \frac{d^2 f}{dx^2}(x) = f''(x) = (f'(x))'$$ $$f^{(n)}(x) = y^{(n)} = \frac{d^n f}{dx^n}(x) = (f^{(n-1)}(x))'$$	
Stetigkeit und Differenzierbarkeit einer Funktion	Ist eine Funktion f an einer Stelle x_0 **differenzierbar,** dann ist sie dort auch stetig. Ist eine Funktion f an einer Stelle x_0 **stetig,** muss sie dort nicht differenzierbar sein.	
	Die Funktion f ist an der Stelle x_0 stetig und differenzierbar.	
	Die Funktion f ist an der Stelle x_0 stetig, aber nicht differenzierbar. An der Stelle x_0 liegt ein „Knick" vor.	
	Die Funktion f ist an der Stelle x_0 weder stetig noch differenzierbar. An der Stelle x_0 liegt eine Sprungstelle vor.	

Ableitungsregeln

Begriff	f(x)	f'(x)
Ableitungsregeln für spezielle Funktionen	$f(x) = c$ $f(x) = x$ $f(x) = x^n$ mit $n \neq 0,\ n \neq 1$ $f(x) = \dfrac{1}{x}$ $f(x) = \sqrt{x}$	$f'(x) = 0$ $f'(x) = 1$ $f'(x) = n \cdot x^{n-1}$ $f'(x) = -\dfrac{1}{x^2}$ $f'(x) = \dfrac{1}{2 \cdot \sqrt{x}}$
	$f(x) = e^x$ $f(x) = a^x$ $f(x) = \ln x$ $f(x) = \log_a x$	$f'(x) = e^x$ $f'(x) = a^x \cdot \ln a$ $f'(x) = \dfrac{1}{x}$ $f'(x) = \dfrac{1}{x \cdot \ln a}$
	$f(x) = \sin x$ $f(x) = \cos x$ $f(x) = \tan x$	$f'(x) = \cos x$ $f'(x) = -\sin x$ $f'(x) = \dfrac{1}{\cos^2 x} = 1 + \tan^2 x$
Faktorregel	$f(x) = c \cdot u(x)$	$f'(x) = c \cdot u'(x)$
Summenregel	$f(x) = u(x) + v(x)$	$f'(x) = u'(x) + v'(x)$
Produktregel	$f(x) = u(x) \cdot v(x)$	$f'(x) = u'(x) \cdot v(x) + u(x) \cdot v'(x)$
Quotientenregel	$f(x) = \dfrac{u(x)}{v(x)}$	$f'(x) = \dfrac{u'(x) \cdot v(x) - u(x) \cdot v'(x)}{[v(x)]^2}$
Kettenregel	$f(x) = u(v(x))$ u heißt äußere Funktion. v heißt innere Funktion.	$f'(x) = u'(v(x)) \cdot v'(x)$

Tangente

Begriff	Beschreibung	Darstellung
Tangente	Eine Gerade heißt **Tangente** eines Funktionsgraphen im Punkt $P(x_0|f(x_0))$, wenn sie durch den Punkt P geht und die Steigung $f'(x_0)$ hat.	
Steigung der Tangente im Punkt P	$k = \dfrac{df}{dx}(x_0) = f'(x_0) = \tan \alpha$	
Gleichung der Tangente	$y = f'(x_0) \cdot (x - x_0) + y_0$	Gleichung der Tangente im Punkt $P(x_0|y_0)$

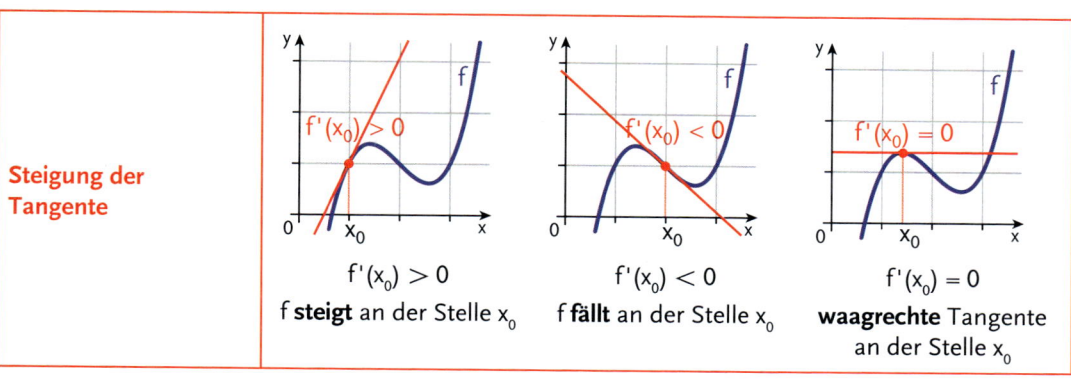

Steigung der Tangente	$f'(x_0) > 0$ f **steigt** an der Stelle x_0	$f'(x_0) < 0$ f **fällt** an der Stelle x_0	$f'(x_0) = 0$ **waagrechte** Tangente an der Stelle x_0

Eigenschaften von Funktionen

Begriff	Beschreibung	Darstellung
Zusammenhänge f, f', f''	$f(x_0)$ **Funktionswert** an der Stelle x_0 $f'(x_0)$ **Steigung** an der Stelle x_0 $f''(x_0)$ **Krümmungsverhalten** an der Stelle x_0	
Monotonieverhalten	Sei die Funktion f im Intervall [a; b] stetig und in allen Stellen im Inneren des Intervalls [a; b] differenzierbar. Wenn für alle Stellen im Inneren des Intervalls [a; b] gilt ▪ $f'(x) > 0$, dann ist f im Intervall [a; b] **streng monoton steigend.** ▪ $f'(x) \geqslant 0$, dann ist f im Intervall [a; b] **monoton steigend.** ▪ $f'(x) < 0$, dann ist f im Intervall [a; b] **streng monoton fallend.** ▪ $f'(x) \leqslant 0$, dann ist f im Intervall [a; b] **monoton fallend.**	
Krümmungsverhalten	**Positive Krümmung** $f''(x) > 0$ für alle inneren Stellen des Intervalls [a; b], dann ist f in [a; b] **linksgekrümmt.**	Tangentensteigung wird größer. $f''(x) > 0$ Linkskrümmung ☺
	Negative Krümmung $f''(x) < 0$ für alle inneren Stellen des Intervalls [a; b], dann ist f in [a; b] **rechtsgekrümmt.**	Tangentensteigung wird kleiner. $f''(x) < 0$ Rechtskrümmung ☹

Relativer (lokaler) Hochpunkt	$f'(x_0) = 0$ und $f''(x_0) < 0$ $H(x_0|f(x_0))$ ist ein relativer (lokaler) **Hochpunkt.** x_0 ist Stelle eines relativen Maximums von f.	
Relativer (lokaler) Tiefpunkt	$f'(x_0) = 0$ und $f''(x_0) > 0$ $T(x_0|f(x_0))$ ist ein relativer (lokaler) **Tiefpunkt.** x_0 ist Stelle eines relativen Minimums von f.	
Relative (lokale) und absolute Extrema im Intervall I = [x_0; x_4]	x_0, x_4 Randstellen $H_1(x_0|f(x_0))$ relativer Hochpunkt $T_1(x_1|f(x_1))$ relativer Tiefpunkt $H_2(x_2|f(x_2))$ relativer Hochpunkt $T_2(x_3|f(x_3))$ absoluter Tiefpunkt $H_3(x_4|f(x_4))$ absoluter Hochpunkt Randmaximum	
Wendepunkt und Wendetangente	$f''(x_0) = 0$ und $f'''(x_0) \neq 0$ $W(x_0|f(x_0))$ ist ein **Wendepunkt.** x_0 ist eine **Wendestelle** von f. Die **Wendetangente** ist die Tangente am Wendepunkt.	
Terrassen- oder Sattelpunkt	$f'(x_0) = 0$ und $f''(x_0) = 0$ und $f'''(x_0) \neq 0$ $W(x_0|f(x_0))$ ist ein **Terrassen-** oder **Sattelpunkt.** x_0 ist eine **Wendestelle** von f. Die **Wendetangente** ist waagrecht.	
Anzahl der Extrem- und Wendestellen einer Polynom- funktion	Eine Polynomfunktion f mit $f(x) = a_n \cdot x^n + a_{n-1} \cdot x^{n-1} + a_{n-2} \cdot x^{n-2} + ... + a_1 \cdot x + a_0$ mit $a_n \neq 0, n \in \mathbb{N}$ vom Grad n besitzt ■ maximal n Nullstellen ■ maximal n − 1 Extremstellen ■ maximal n − 2 Wendestellen	

Bewegung – Zusammenhänge zwischen Weg, Zeit, Geschwindigkeit und Beschleunigung

Begriff	Beschreibung	Einheit
Mittlere Geschwindigkeit	$\bar{v} = \dfrac{\Delta s}{\Delta t} = \dfrac{s_1 - s_0}{t_1 - t_0} = \dfrac{s(t_0 + \Delta t) - s(t_0)}{\Delta t}$ $\bar{v} = \dfrac{\text{zurückgelegte Wegstrecke}}{\text{dafür benötigte Zeit}}$	$[v] = \dfrac{m}{s}$ $1\,\dfrac{m}{s} = 3{,}6\,\dfrac{km}{h}$
Momentangeschwindigkeit	$v(t_0) = \lim\limits_{\Delta t \to 0} \dfrac{s(t_0 + \Delta t) - s(t_0)}{\Delta t} = \dfrac{ds}{dt}(t_0)$	$1\,\dfrac{km}{h} = \dfrac{1}{3{,}6} \cdot \dfrac{m}{s}$
Mittlere Beschleunigung	$\bar{a} = \dfrac{\Delta v}{\Delta t} = \dfrac{v_1 - v_0}{t_1 - t_0} = \dfrac{v(t_0 + \Delta t) - v(t_0)}{\Delta t}$ $\bar{a} = \dfrac{\text{Änderung der Geschwindigkeit}}{\text{dafür benötigte Zeit}}$	$[a] = \dfrac{m}{s^2}$
Momentanbeschleunigung	$a(t_0) = \lim\limits_{\Delta t \to 0} \dfrac{v(t_0 + \Delta t) - v(t_0)}{\Delta t} = \dfrac{dv}{dt}(t_0)$	

Begriff	Weg	Geschwindigkeit	Beschleunigung
Gleichförmige Bewegung	Weg = Geschwindigkeit · Zeit $s(t) = v \cdot t$	Geschwindigkeit = konstant $v = $ konstant	Beschleunigung = 0 $a = 0\,\dfrac{m}{s^2}$
Gleichmäßig beschleunigte Bewegung	Weg in m $s(t) = \dfrac{a}{2} \cdot t^2 + v_0 \cdot t + s_0$ s_0 Entfernung in m vom Start zum Zeitpunkt $t = 0$ s Für $s_0 = 0$ m und $v_0 = 0$ m/s gilt: $s(t) = \dfrac{a}{2} \cdot t^2$	Geschwindigkeit in m/s $v(t) = a \cdot t + v_0$ $v(t) = \dfrac{ds(t)}{dt}$ v_0 Anfangsgeschwindigkeit in m/s Für $v_0 = 0$ m/s gilt: $v(t) = a \cdot t$	Beschleunigung in m/s² $a = $ konstant $a(t) = \dfrac{dv(t)}{dt} = \dfrac{d^2 s(t)}{dt^2}$
Lotrechter Wurf	Höhe über Erdboden in m $h(t) = -\dfrac{g}{2} \cdot t^2 + v_0 \cdot t + h_0$ g Erdbeschleunigung $g \approx 9{,}81$ m/s² (oft $g \approx 10$ m/s²) h_0 Anfangshöhe in m s-t-Diagramm	Geschwindigkeit in m/s $v(t) = \dfrac{dh(t)}{dt} = -g \cdot t + v_0$ v_0 Anfangsgeschwindigkeit in m/s v-t-Diagramm	Beschleunigung in m/s² $a(t) = \dfrac{dv(t)}{dt} = -g$ a-t-Diagramm

Kosten- und Preistheorie

Angebot, Nachfrage und Marktgleichgewicht

Begriff	Beschreibung	Darstellung
Preisfunktion des Angebots	p_A: $\quad x \mapsto p_A(x)$ $x \quad$ angebotene Menge in ME für eine vorgegebene Zeiteinheit $p_A(x)$ Preis in GE je ME zur angebotenen Menge x $p_A'(x) \geqslant 0$: p_A (monoton) **wachsend**	
Preisfunktion der Nachfrage	p_N: $\quad x \mapsto p_N(x)$ $x \quad$ nachgefragte Menge in ME für eine vorgegebene Zeiteinheit $p_N(x)$ Preis in GE je ME zur nachgefragten Menge x **Höchstpreis p_h:** $\quad p_h = p_N(0)$ **Sättigungsmenge x_s:** $p_N(x_s) = 0$ $p_N'(x) \leqslant 0$: p_N (monoton) **fallend**	
Marktgleichgewicht: Gleichgewichtsmenge x_G und Marktpreis p_G	$p_G = p_A(x_G) = p_N(x_G)$	
Angebotsüberhang bei festgelegtem Mindestpreis	$p_M \quad$ festgelegter Mindestpreis $p_M > p_G$ $x_{MA} \quad$ angebotene Menge beim Mindestpreis p_M $x_{MN} \quad$ nachgefragte Menge beim Mindestpreis p_M $x_{MA} - x_{MN} \quad$ Angebotsüberhang	

Nachfrageüberhang bei festgelegtem Höchstpreis	p_H festgelegter Höchstpreis $p_H < p_G$ x_{HA} angebotene Menge beim Höchstpreis p_H x_{HN} nachgefragte Menge beim Höchstpreis p_H $x_{HN} - x_{HA}$ Nachfrageüberhang	

Erlösfunktion

Begriff	Beschreibung	Darstellung
Grenzfunktion	Die erste Ableitung f' einer ökonomischen Funktion f heißt **Grenzfunktion**. Sie gibt näherungsweise die Änderung der Funktion an, die durch die nächste Einheit der unabhängigen Variablen hervorgerufen wird. $f'(x_0) \approx f(x_0 + 1) - f(x_0)$	
Erlösfunktion	Erlös = Preis mal Menge	
Grenzerlösfunktion	$E'(x_0) \approx E(x_0 + 1) - E(x_0)$ Erlösänderung für eine weitere ME	
Erlösmaximum	$E'(x_E) = 0$ $E_{max} = E(x_E)$ maximaler Erlös $E''(x_E) < 0$	x_E erlösmaximierende Menge

Vollständige Konkurrenz (Polypol)	viele Anbieter, viele Nachfrager konstanter Nachfragepreis p $E(x) = p \cdot x$ lineare Funktion	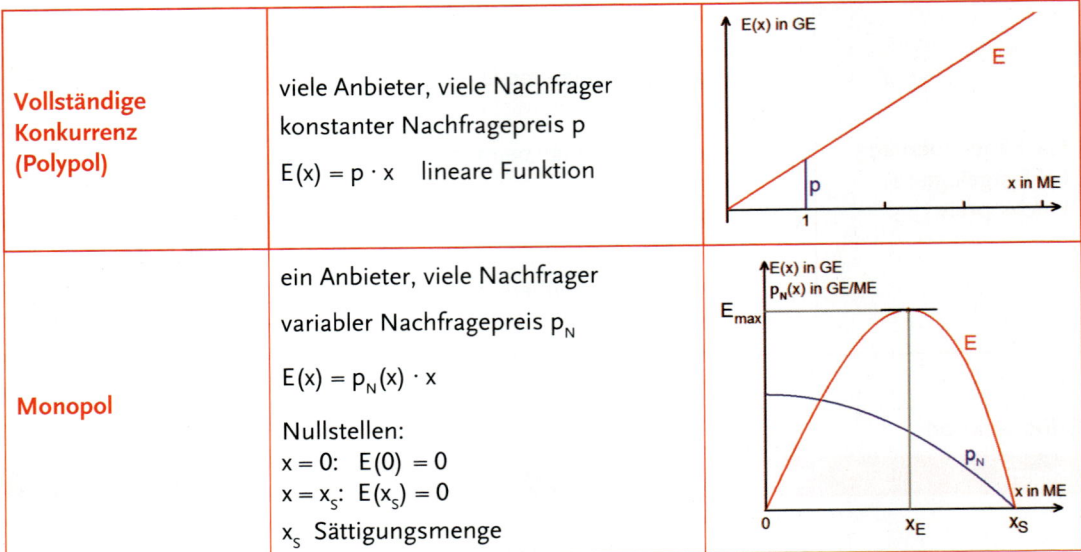
Monopol	ein Anbieter, viele Nachfrager variabler Nachfragepreis p_N $E(x) = p_N(x) \cdot x$ Nullstellen: $x = 0$: $E(0) = 0$ $x = x_S$: $E(x_S) = 0$ x_S Sättigungsmenge	

Elastizität der Nachfrage

Begriff	Beschreibung	Darstellung
Bogenelastizität der Nachfrage	$\varepsilon = \dfrac{\text{relative Mengenänderung}}{\text{relative Preisänderung}} = \dfrac{\frac{\Delta x}{x}}{\frac{\Delta p}{p}}$	
Punktelastizität der Nachfrage (Preisfunktion p bekannt)	$\varepsilon(x) = \dfrac{p(x)}{x} \cdot \dfrac{1}{p'(x)}$ Die **Elastizität der Nachfrage** gibt die **prozentuelle Absatzänderung** als Folge einer **Preisänderung um 1 %** an.	
Elastizität der Nachfrage ($\varepsilon \leqslant 0$)	$\varepsilon < -1$ Nachfrage ist **elastisch** $-1 < \varepsilon < 0$ Nachfrage ist **unelastisch** $\varepsilon = -1$ Nachfrage ist **fließend** Grenzfall $\varepsilon \to -\infty$ vollkommen elastische Nachfrage Grenzfall $\varepsilon = 0$ vollkommen starre Nachfrage	
Gleichung von Amoroso und Robinson	$E'(x) = p(x) \cdot \left(1 + \dfrac{1}{\varepsilon(x)}\right)$ $E'(x) = 0 \Leftrightarrow \varepsilon(x) = -1$ Am Erlösmaximum ist die Nachfrage fließend ($\varepsilon = -1$).	

Kostenrechnung

Begriff	Beschreibung	Darstellung
Gesamtkosten	$K(x) = K_v(x) + F$ Gesamtkosten = variable Kosten + Fixkosten $0 \leqslant x \leqslant C$ Kapazitätsgrenze C $K(0) = F$ da $K_v(0) = 0$	
Grenzkosten-funktion K'	$K'(x) = K_v'(x)$ $K'(x_0) \approx K(x_0 + 1) - K(x_0)$ Kostenzuwachs für eine weitere ME	
Lineare Kostenfunktion	$K(x) = k \cdot x + F$	
Quadratische Kostenfunktion	$K(x) = a \cdot x^2 + b \cdot x + F$	

Ertragsgesetzliche Kostenfunktion (kubische Kostenfunktion)	$K(x) = a \cdot x^3 + b \cdot x^2 + c \cdot x + F$
	   $a > 0, b < 0, c > 0, F > 0$
	   $b^2 < 3 \cdot a \cdot c$
	$K'(x) > 0$ streng monoton wachsend
	$K''(x_k) = 0$ **Kostenkehre x_k**
	$K''(x) < 0$ **degressiver Verlauf** für $x < x_k$
	$K''(x) > 0$ **progressiver Verlauf** für $x > x_k$	

Stückkosten, Durchschnittskosten	$\overline{K}(x) = \dfrac{K(x)}{x}$ **Stückkosten** durchschnittliche Gesamtkosten $\overline{K_v}(x) = \dfrac{K_v(x)}{x}$ **variable Stückkosten** durchschnittliche variable Kosten	

Betriebsoptimum, langfristige Preisuntergrenze	Das **Betriebsoptimum** ist jene Produktionsmenge x_{opt}, bei der die Stückkosten minimal sind: $\overline{K}'(x_{opt}) = 0$ Die **langfristige Preisuntergrenze** p_l ist der Preis, der den Stückkosten am Betriebsoptimum entspricht. $p_l = \overline{K}(x_{opt})$	
Betriebsminimum, kurzfristige Preisuntergrenze	Das **Betriebsminimum** ist jene Produktionsmenge x_{min}, bei der die variablen Stückkosten minimal sind: $\overline{K}_v'(x_{min}) = 0$ Die **kurzfristige Preisuntergrenze** p_k ist der Preis, der den variablen Stückkosten am Betriebsminimum entspricht. $p_k = \overline{K}_v(x_{min})$	

Gewinn

Begriff	Beschreibung	Darstellung
Gewinn	$G(x) = E(x) - K(x)$ Gewinn = Erlös minus Kosten	
Deckungsbeitrag	$D(x) = E(x) - K_v(x)$ Deckungsbeitrag = Erlös minus variable Kosten	
Grenzgewinn	$G'(x) = E'(x) - K'(x)$ $G'(x_0) \approx G(x_0 + 1) - G(x_0)$ Gewinnänderung für eine weitere ME	
Gewinngrenzen	$G(x_1) = 0$ und $G(x_2) = 0$ x_1 untere Gewinngrenze (Break-even-Point) x_2 obere Gewinngrenze	
Maximaler Gewinn	$G'(x_g) = 0$ x_g gewinnmaximierende Menge $G_{max} = G(x_g)$ maximaler Gewinn $G''(x_g) < 0$	

Vollständige Konkurrenz	p konstanter Preis $E(x) = p \cdot x$ Erlös (linear) $E'(x) = p$ Grenzerlös = Preis (> 0) $G(x) = p \cdot x - K(x)$ Gewinn $G'(x) = p - K'(x)$ Grenzgewinn	
Monopol Cournotsche Menge Cournotscher Preis Cournotscher Punkt	p_N variabler Preis $E(x) = p_N(x) \cdot x$ Erlös $E'(x) = p_N(x) + p_N'(x) \cdot x$ Grenzerlös $G(x) = p_N(x) \cdot x - K(x)$ Gewinn x_g cournotsche Menge, gewinnmaximierende Menge $p_g = p(x_g)$ cournotscher Preis $C(x_g | p_g)$ cournotscher Punkt	

Integralrechnung

Begriff	Beschreibung	Darstellung
Obersumme und Untersumme	Zerlegung des Intervalls [a; b] in n Teil-intervalle der Länge $\Delta x = \dfrac{b-a}{n}$ $f_u(x_k)$ kleinster Funktionswert im k-ten Teilintervall $f_o(x_k)$ größter Funktionswert im k-ten Teilintervall $U_n = \sum\limits_{k=1}^{n} f_u(x_k) \cdot \Delta x$ Untersumme $O_n = \sum\limits_{k=1}^{n} f_o(x_k) \cdot \Delta x$ Obersumme	
Bestimmtes Integral	$\lim\limits_{n \to \infty} \sum\limits_{k=1}^{n} f_u(x_k) \cdot \Delta x = \lim\limits_{n \to \infty} \sum\limits_{k=1}^{n} f_o(x_k) \cdot \Delta x = \int\limits_{a}^{b} f(x)\,dx$ $f(x)$ Integrand x Integrationsvariable a, b Integrationsgrenzen	

Hauptsatz der Differenzial- und Integralrechnung

Begriff	Beschreibung
Stammfunktion	F heißt **Stammfunktion** von f, wenn gilt: $F' = f$
Unbestimmtes Integral	$\int f(x)\,dx = F(x) + C$ C heißt Integrationskonstante.
Hauptsatz der Differenzial- und Integralrechnung	$\int\limits_{a}^{b} f(x)\,dx = \left[F(x)\right]_{a}^{b} = F(b) - F(a)$

Regeln der Integralrechnung

Begriff	Regeln
Vertauschung der Integrationsgrenzen	$\int\limits_{a}^{b} f(x)\,dx = -\int\limits_{b}^{a} f(x)\,dx$
Gleiche Integrationsgrenzen	$\int\limits_{a}^{a} f(x)\,dx = 0$
Bezeichnung der Integrations-variablen	$\int\limits_{a}^{b} f(x)\,dx = \int\limits_{a}^{b} f(t)\,dt = \int\limits_{a}^{b} f(u)\,du = \dots$

Additivität des Integrals	$\int_a^b f(x)\,dx = \int_a^c f(x)\,dx + \int_c^b f(x)\,dx$	$a < c < b$
Summenregel	$\int_a^b [f(x) \pm g(x)]\,dx = \int_a^b f(x)\,dx \pm \int_a^b g(x)\,dx$	
Faktorregel	$\int_a^b c \cdot f(x)\,dx = c \cdot \int_a^b f(x)\,dx$	

Grundintegrale

Begriff	Beschreibung	
Potenzfunktionen	$\int x^r\,dx = \frac{x^{r+1}}{r+1} + C$	für $r \in \mathbb{R} \setminus \{-1\}$
	$\int \frac{1}{x}\,dx = \ln|x| + C$	für $x \neq 0$
Exponentialfunktionen	$\int e^x\,dx = e^x + C$	
	$\int a^x\,dx = \frac{a^x}{\ln a} + C$	
Winkelfunktionen	$\int \sin x\,dx = -\cos x + C$	
	$\int \cos x\,dx = \sin x + C$	

Integrieren und Differenzieren

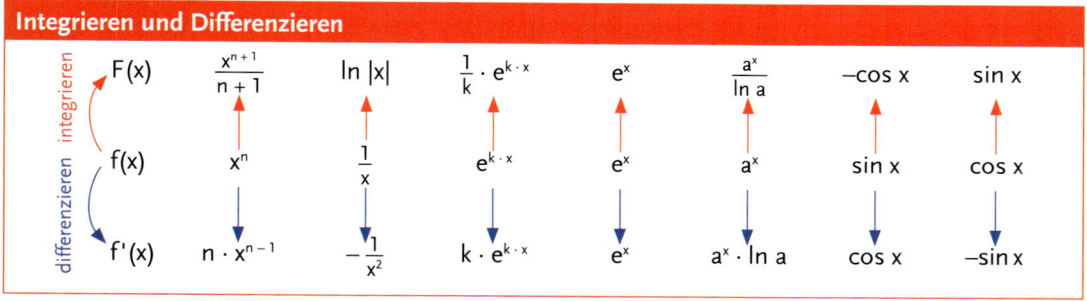

Integrationsverfahren

Verfahren	Beschreibung	
Produktintegration, partielle Integration	$\int u(x) \cdot v'(x)\,dx = u(x) \cdot v(x) - \int u'(x) \cdot v(x)\,dx$	
	kurz: $\int u \cdot v' = u \cdot v - \int u' \cdot v$	
Integration durch Substitution	$\int_a^b f(g(x)) \cdot g'(x)\,dx = \int_{g(a)}^{g(b)} f(z)\,dz$	mit $z = g(x)$
Wichtige Substitutionen	$\int f(a \cdot x + b)\,dx = \frac{1}{a} \cdot \int f(z)\,dz$	mit $z = a \cdot x + b$; $\frac{dz}{dx} = a$; $dx = \frac{1}{a} \cdot dz$
	$\int \frac{g'(x)}{g(x)}\,dx = \ln|g(x)|$	mit $z = g(x)$; $\frac{dz}{dx} = g'(x)$; $dz = g'(x)\,dx$

Flächeninhaltsberechnung

Begriff	Beschreibung	Darstellung
f auf [a; b] beständig positiv	$$A = \int_a^b f(x)\,dx$$	
f auf [a; b] beständig negativ	$$A = -\int_a^b f(x)\,dx = \left| \int_a^b f(x)\,dx \right|$$	
f besitzt auf [a; b] Nullstellen $x_1, ..., x_n$	$$A = \left| \int_a^{x_1} f(x)\,dx \right| + \left| \int_{x_1}^{x_2} f(x)\,dx \right| + ... + \left| \int_{x_n}^b f(x)\,dx \right|$$	Funktion mit 2 Nullstellen x_1 und x_2 im Intervall [a; b]
Fläche zwischen zwei Kurven	$$A = \int_a^b f(x)\,dx - \int_a^b g(x)\,dx = \int_a^b [f(x) - g(x)]\,dx$$	
Fläche zwischen zwei Kurven mit Schnittstelle	$$A = \left| \int_a^{x_1} [f(x) - g(x)]\,dx \right| + \left| \int_{x_1}^b [f(x) - g(x)]\,dx \right|$$ oder $$A = \int_a^b |f(x) - g(x)|\,dx$$	

Numerische Integration

Begriff	Beschreibung	Darstellung
Rechteckregel	Zerlegung des Intervalls [a; b] in n Teilintervalle der Länge $\Delta x = \dfrac{b-a}{n}$ x_k mittlerer Wert im k-ten Teilintervall $\displaystyle\int_a^b f(x)\,dx \approx \sum_{k=1}^n f(x_k) \cdot \Delta x$	
Trapezregel	Zerlegung des Intervalls [a; b] in n Teilintervalle der Länge $\Delta x = \dfrac{b-a}{n}$ In jedem Streifen wird der Kurvenbogen durch die Sehne angenähert, die die Randpunkte verbindet. So erhält man jeweils ein Trapez. $\displaystyle\int_a^b f(x)\,dx \approx [y_0 + y_n + 2 \cdot (y_1 + y_2 + y_3 + \ldots + y_{n-1})] \cdot \dfrac{\Delta x}{2} =$ $= \left[y_0 + y_n + 2 \cdot \displaystyle\sum_{k=1}^{n-1} y_k\right] \cdot \dfrac{\Delta x}{2}$	

Volumsberechnungen

Begriff	Beschreibung	Darstellung
Rotation um die x-Achse	Die Fläche zwischen der Kurve von f, der x-Achse und den Geraden x = a und x = b erzeugt bei Drehung um die x-Achse einen Rotationskörper (Drehkörper). $V_{rot\,x} = \pi \cdot \displaystyle\int_a^b y^2\,dx$	
Rotation um die y-Achse	Die Fläche zwischen der streng monotonen Funktion f und der y-Achse erzeugt bei Drehung um die y-Achse zwischen f(a) und f(b) einen Rotationskörper. $V_{rot\,y} = \pi \cdot \displaystyle\int_{f(a)}^{f(b)} x^2\,dy$	

Bewegung

Begriff	Beschleunigung	Geschwindigkeit	Weg
beschleunigte Bewegung	Die Beschleunigung a in m/s² ist eine Funktion der Zeit: $t \rightarrow a(t)$	Die Geschwindigkeit $v(t_0)$ in m/s zum Zeitpunkt t_0 entspricht der Maßzahl des Flächeninhalts unter der Kurve im a-t-Diagramm im Intervall $[0; t_0]$: $v(t_0) = \int_0^{t_0} a(t)\,dt$	Der zurückgelegte Weg $s(t_0)$ in m zum Zeitpunkt t_0 entspricht der Maßzahl des Flächeninhalts unter der Kurve im v-t-Diagramm im Intervall $[0; t_0]$: $s(t_0) = \int_0^{t_0} v(t)\,dt$
gleichmäßig beschleunigte Bewegung	Beschleunigung a in m/s² konstant	Geschwindigkeit v in m/s: $v(t) = \int a\,dt = a \cdot t + v_0$ mit Anfangsgeschwindigkeit $v(0) = v_0$	zurückgelegter Weg s in m: $s(t) = \int (a \cdot t + v_0)\,dt =$ $= \dfrac{a}{2} \cdot t^2 + v_0 \cdot t + s_0$ mit Anfangsweg $s(0) = s_0$
Spezialfall freier Fall	Beschleunigung in m/s² $g \approx 10$ m/s² Erdbeschleunigung	Geschwindigkeit v in m/s: $v(t) = \int g\,dt = g \cdot t$ mit Anfangsgeschw. $v_0 = 0$	zurückgelegter Weg s in m: $s(t) = \int g \cdot t\,dt = \dfrac{g}{2} \cdot t^2$ mit Anfangsweg $s(0) = 0$
	a-t-Diagramm	v-t-Diagramm	s-t-Diagramm

Kontinuierliche Zahlungsströme

Begriff	Beschreibung
Barwert für kontinuierlichen Zahlungsstrom im Zeitintervall [0; T]	$Z(t)$ kontinuierlicher Zahlungsstrom für $0 \leqslant t \leqslant T$ $r = \ln(1 + i)$ stetige Verzinsung des Zahlungsstroms $PV = \int_0^T Z(t) \cdot e^{-r \cdot t}\,dt$
Barwert für konstanten Zahlungsstrom einer ewigen Rente	$Z(t) = R$ konstanter Zahlungsstrom $r = \ln(1 + i)$ stetige Verzinsung des Zahlungsstroms $PV = \lim\limits_{T \to \infty} \int_0^T R \cdot e^{-r \cdot t}\,dt = \lim\limits_{T \to \infty} R \cdot \dfrac{1 - e^{-r \cdot T}}{r} = \dfrac{R}{r}$

Beschreibende Statistik

Grundbegriffe

Begriff	Beschreibung
Grundgesamtheit	Die **Grundgesamtheit** ist die Menge der zu beurteilenden Objekte. Der **Umfang der Grundgesamtheit** ist die Anzahl ihrer Elemente.
Stichprobe	Eine **Stichprobe** ist eine Menge von Objekten, die der Grundgesamtheit **zufällig** entnommen werden. Der **Stichprobenumfang** ist die Anzahl der Elemente der Stichprobe. Eine Stichprobe heißt **repräsentativ,** wenn sie die typischen Eigenschaften der Grundgesamtheit wiedergibt.
Merkmal	Ein **Merkmal** ist eine **Eigenschaft,** die zur Beurteilung der zu untersuchenden Objekte **(Merkmalträger)** dienen kann. Eine **Merkmalausprägung** ist ein Wert, den ein Merkmal bei einer Messung annimmt. Der **Merkmalwertevorrat** ist die Menge der Werte, die ein Merkmal annehmen kann.
Diskretes Merkmal	Ein **Merkmal** heißt **diskret,** wenn der Merkmalwertevorrat **abzählbar** ist.
Stetiges Merkmal	Ein **Merkmal** heißt **stetig,** wenn der Merkmalwertevorrat **nicht abzählbar** ist.
Qualitatives Merkmal	Ein **Merkmal** heißt **qualitativ,** wenn der Merkmalwertevorrat lediglich aus Namen oder Klassenbezeichnungen besteht.
Quantitatives Merkmal	Ein **Merkmal** heißt **quantitativ,** wenn der Merkmalwertevorrat aus messbaren Werten besteht.

Häufigkeitsverteilungen

Begriff	Beschreibung
Urliste	In einer **Urliste** mit Daten vom Umfang n treten k verschiedene Merkmalsausprägungen auf.
Absolute Häufigkeit	Die **absolute Häufigkeit** f_i einer Merkmalsausprägung x_i ist die Anzahl, mit der der Wert x_i in der Urliste auftritt.
Relative Häufigkeit	$h_i = \dfrac{f_i}{n}$
Absolute Summenhäufigkeit	$F_i = f_1 + f_2 + \ldots + f_i = \displaystyle\sum_{j=1}^{i} f_j$
Relative Summenhäufigkeit	$H_i = h_1 + h_2 + \ldots + h_i = \displaystyle\sum_{j=1}^{i} h_j$

Eigenschaften der Häufigkeiten	Für die Häufigkeiten eines Datensatzes mit Umfang n und k verschiedenen Merkmalsausprägungen gilt: ■ $\sum\limits_{i=1}^{k} f_i = n; \quad F_1 = f_1 \quad$ mit $F_k = n$ ■ $\sum\limits_{i=1}^{k} h_i = 1; \quad H_1 = h_1 \quad$ mit $H_k = 1$ ■ $f_i = F_i - F_{i-1} \quad$ für $i = 2, 3, \ldots, k$ ■ $h_i = H_i - H_{i-1} \quad$ für $i = 2, 3, \ldots, k$
Lorenzkurve	Für eine geordnete Urliste $x_1 \leqslant \ldots \leqslant x_n$ ist die zugehörige **Lorenzkurve L** der **Streckenzug** durch die Punkte $(0\|0)$, $(u_1\|v_1)$, $\ldots$, $(u_n\|v_n)$. Dabei ist ■ $u_j = \dfrac{j}{n} \quad$ der Anteil der Merkmalsträger und ■ $v_j = \dfrac{\sum\limits_{i=1}^{j} x_i}{\sum\limits_{i=1}^{n} x_i} \quad$ die kumulierte relative Merkmalssumme. ■ $(u_n\|v_n) = (1\|1)$ Eine Lorenzkurve geht immer durch die beiden Punkte $(0\|0)$ und $(1\|1)$.
Gini-Koeffizient	Für n geordnete Werte $x_1 \leqslant \ldots \leqslant x_n$ ist der **Gini-Koeffizient G** der Quotient zweier Flächen. $G = \dfrac{\text{Fläche zwischen erster Mediane und Lorenzkurve}}{\text{Fläche zwischen erster Mediane und erster Achse}} =$ $= 2 \cdot \text{Fläche zwischen erster Mediane und Lorenzkurve}$ $G = 2 \cdot \int\limits_{0}^{1} (x - L(x))\, dx$
Lorenzkurven und Gini-Koeffizient	 Gleichverteilung G = 0 Fast vollständige Konzentration G ≈ 0,8 Das Vermögen ist gleichverteilt. Wenige besitzen fast alles.

Mittelwerte und Streuungsmaße

Begriff	Beschreibung
Einfaches arithmetisches Mittel	Für eine Datenreihe vom Umfang n mit den Merkmalwerten $x_1, x_2, \ldots, x_n$ heißt $$\bar{x} = \frac{x_1 + x_2 + \ldots + x_n}{n} = \frac{1}{n} \cdot \sum_{i=1}^{n} x_i$$ das zugehörige **einfache arithmetische Mittel**.
Gewogenes arithmetisches Mittel	Für eine Datenreihe vom Umfang n mit k verschiedenen Merkmalwerten $x_1, x_2, \ldots, x_k$, die mit den absoluten Häufigkeiten $f_1, f_2, \ldots, f_k$ bzw. den relativen Häufigkeiten $h_1, h_2, \ldots, h_k$ auftreten, heißt $$\bar{x} = \frac{f_1 \cdot x_1 + f_2 \cdot x_2 + \ldots + f_k \cdot x_k}{n} = \frac{1}{n} \cdot \sum_{i=1}^{k} f_i \cdot x_i \text{ bzw.}$$ $$\bar{x} = h_1 \cdot x_1 + h_2 \cdot x_2 + \ldots + h_k \cdot x_k = \sum_{i=1}^{k} h_i \cdot x_i$$ das zugehörige **gewogene arithmetische Mittel**.
Median	Der **Median** einer Datenreihe vom Umfang n, die ihrer Größe nach geordnet ist, ist ■ bei **ungerader** Anzahl n der **Wert in der Mitte,** ■ bei **gerader** Anzahl n das **arithmetische Mittel der beiden Werte in der Mitte.** Der Median wird durch einzelne stark abweichende Werte (Ausreißer) kaum beeinflusst. Der Median teilt eine der Größe nach geordnete Datenreihe in zwei gleich große Teile.
Modus	Der **Modus** einer Datenreihe ist der Wert mit der größten Häufigkeit.
Geometrisches Mittel	$\bar{x}_g = \sqrt[n]{x_1 \cdot x_2 \cdot \ldots \cdot x_n}$ für n positive Zahlen $x_1, x_2, \ldots, x_n$
Harmonisches Mittel	$\bar{x}_h = \dfrac{n}{\dfrac{1}{x_1} + \dfrac{1}{x_2} + \ldots + \dfrac{1}{x_n}}$ für n positive Zahlen $x_1, x_2, \ldots, x_n$
Spannweite	Differenz zwischen dem größten und dem kleinsten Wert einer Datenreihe
Varianz	Die n-gewichtete **Varianz** einer Datenreihe vom Umfang n ist **das arithmetische Mittel der Abstandsquadrate** der Merkmalwerte von ihrem arithmetischen Mittel $\bar{x}$: ■ $s^2 = \underbrace{\frac{1}{n} \cdot \sum_{i=1}^{n} \underbrace{(x_i - \bar{x})^2}_{\text{quadr. Abweichung}}}$ mittlere quadr. Abweichung aus der Urliste mit den Merkmalwerten $x_1, x_2, \ldots, x_n$ ■ $s^2 = \frac{1}{n} \cdot \sum_{i=1}^{k} f_i \cdot (x_i - \bar{x})^2 = \sum_{i=1}^{k} h_i \cdot (x_i - \bar{x})^2$ aus der Häufigkeitstabelle der k verschiedenen Merkmalwerte $x_1, x_2, \ldots, x_k$ mit den absoluten Häufigkeiten $f_1, f_2, \ldots, f_k$ bzw. den relativen Häufigkeiten $h_1, h_2, \ldots, h_k$.

Standardabweichung	$s = \sqrt{s^2}$ heißt **empirische Standardabweichung** einer Datenreihe. Bei umfangreichen, annähernd normalverteilten Datenreihen gilt: ■ ca. 68 % der Werte liegen im einfachen Streuintervall $\quad[\bar{x} - s; \ \bar{x} + s]$ ■ ca. 95 % der Werte liegen im doppelten Streuintervall $\quad[\bar{x} - 2s; \bar{x} + 2s]$
Quartile	■ Das **untere (erste) Quartil Q_1** ist ein Wert mit der Eigenschaft, dass mindestens 25 % der Daten kleiner oder gleich und zugleich mindestens 75 % der Daten größer oder gleich diesem Wert sind. ■ Das **mittlere (zweite) Quartil Q_2** entspricht dem Median. ■ Das **obere (dritte) Quartil Q_3** ist ein Wert mit der Eigenschaft, dass mindestens 75 % der Daten kleiner oder gleich und zugleich mindestens 25 % der Daten größer oder gleich diesem Wert sind.
(Inter-)Quartilsabstand	Der **(Inter-)Quartilsabstand QA** ist die Differenz aus oberem und unterem Quartil $Q_3 - Q_1$. Er ist gegenüber Ausreißern unempfindlich. Der QA gibt den Bereich an, in dem die mittleren 50 % der Werte der Datenreihe liegen.

Diagrammtypen

Begriff	Beschreibung	Darstellung
Kreisdiagramm	Der Flächeninhalt der Kreissektoren entspricht der Häufigkeit der qualitativen Daten. Für den Zentriwinkel α_j des j-ten Kreis-sektors gilt: $\alpha_j = 360° \cdot h_j$	
Balkendiagramm	Die Länge der waagrecht liegenden Balken entspricht der Häufigkeit der qualitativen Daten.	
Stabdiagramm, Säulendiagramm	Die Höhe der Stäbe bzw. Säulen ent-spricht den Häufigkeiten der diskreten Daten.	

Histogramm	Der Flächeninhalt der Säulen entspricht der Häufigkeit der klassierten quantitativen Daten.	
Liniendiagramm	Die Linie veranschaulicht den zeitlichen Verlauf der quantitativen Daten.	
Boxplot-Diagramm	Fünf-Punkte-Zusammenfassung: 1. Minimalwert x_{min} 2. unteres Quartil Q_1 3. Median Q_2 4. oberes Quartil Q_3 5. Maximalwert x_{max}	

Statistik mit zwei Variablen

Begriff	Beschreibung
Pearsonscher Korrelationskoeffizient	Gegeben sind n Datenpunkte $(x_i|y_i)$: ■ $\bar{x} = \frac{1}{n} \cdot \sum_{i=1}^{n} x_i$ Mittelwert der x-Koordinaten der gegebenen Daten ■ $\bar{y} = \frac{1}{n} \cdot \sum_{i=1}^{n} y_i$ Mittelwert der y-Koordinaten der gegebenen Daten $(\bar{x}|\bar{y})$ entspricht dem Schwerpunkt der Punktewolke. ■ $s_x^2 = \frac{1}{n} \cdot \sum_{i=1}^{n} (x_i - \bar{x})^2$ Varianz des Merkmals x ■ $s_y^2 = \frac{1}{n} \cdot \sum_{i=1}^{n} (y_i - \bar{y})^2$ Varianz des Merkmals y ■ $s_{xy} = \frac{1}{n} \cdot \sum_{i=1}^{n} (x_i - \bar{x}) \cdot (y_i - \bar{y})$ **Kovarianz** der Merkmale x und y ■ $r = \frac{s_{xy}}{s_x \cdot s_y}$ **Korrelationskoeffizient (Pearson):** Die Kovarianz wird durch das Produkt der Standardabweichungen s_x und s_y dividiert. Durch diese Normierung gilt für r: $\;-1 \leqslant r \leqslant 1$
	Der pearsonsche Korrelationskoeffizient r ist ein **Maß für die Stärke des linearen Zusammenhanges** zweier Merkmale. Er ist daher für nichtlineare Zusammenhänge nicht oder nur bedingt geeignet.

Stärke des linearen Zusammenhanges	$r = +1$ bedeutet **vollkommene positive Korrelation** (steigende Regressionsgerade). $r = 0$ bedeutet **keine Korrelation.** $r = -1$ bedeutet **vollkommene negative Korrelation** (fallende Regressionsgerade).
Streudiagramme	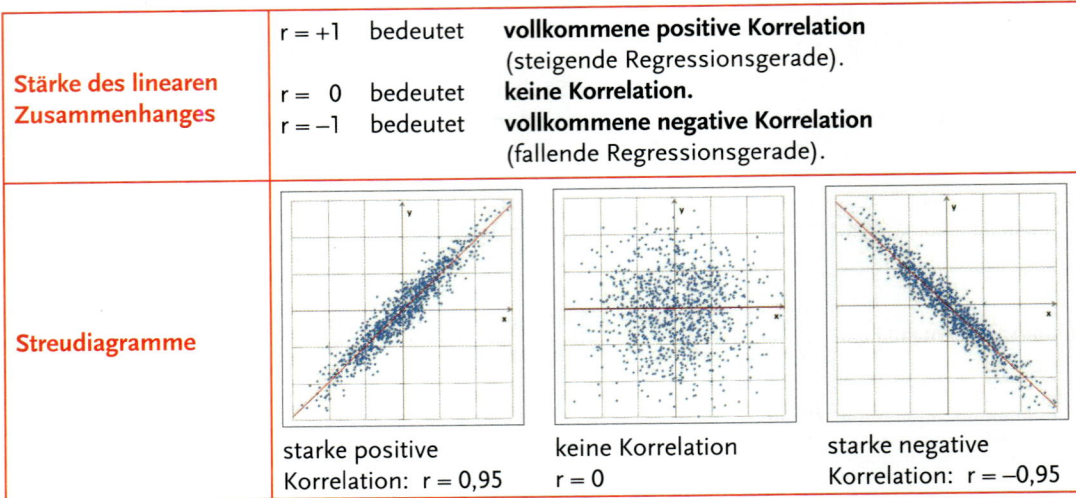 starke positive Korrelation: $r = 0{,}95$ · keine Korrelation $r = 0$ · starke negative Korrelation: $r = -0{,}95$

Begriff	Beschreibung	Darstellung
Regressionsgerade	Gerade $y = a \cdot x + b$, die sich optimal an n Datenpunkte $(x_i \mid y_i)$ anpasst. a und b werden mit der **Methode der minimalen Fehlerquadratsumme** ermittelt: $$F(a,b) = \sum_{i=1}^{n} (y_i - (a \cdot x_i + b))^2 \to \text{Min}$$ $a = \dfrac{s_{xy}}{s_x^2}$ und $b = \bar{y} - a \cdot \bar{x}$	

Kombinatorik

Grundbegriffe

Begriff	Beschreibung
Abzählprinzip	Gibt es für die Besetzung eines Platzes n_1 Möglichkeiten und unabhängig davon für die Besetzung eines anderen Platzes n_2 Möglichkeiten, dann gibt es für die Besetzung beider Plätze **$n_1 \cdot n_2$ Möglichkeiten.**
Allgemeines Abzählprinzip	Für die Besetzung von k Plätzen gibt es $n_1 \cdot n_2 \cdot \ldots \cdot n_k$ Besetzungsmöglichkeiten. Dabei gibt es n_i Möglichkeiten zur Besetzung des Platzes i.
Fakultät, Faktorielle	$n! = n \cdot (n-1) \cdot \ldots \cdot 2 \cdot 1$ sprich: n-Fakultät, n-Faktorielle $0! = 1$ $n! = n \cdot (n-1) \cdot (n-2) \cdot \ldots \cdot 1 = n \cdot (n-1)!$ für $n \geqslant 1$

Permutationen

Begriff	Beschreibung
Permutation von n Elementen auf n Plätze	Eine **Anordnung** von Elementen heißt **Permutation.** Anzahl der Permutationen von n Elementen auf n Plätze: $P(n; n) = n!$
Permutation von n Elementen auf k Plätze	Anzahl der Permutationen von n Elementen auf k Plätze: $P(n; k) = n \cdot (n-1) \cdot (n-2) \cdot \ldots \cdot (n-k+1) = \dfrac{n!}{(n-k)!}$
Permutation mit Wiederholung	Eine **Anordnung** von n unterscheidbaren Elementen auf k Plätze, wobei jedes Element mehrmals auftreten darf, heißt **Permutation mit Wiederholung.** Anzahl der Permutationen von n Elementen auf k Plätze mit Wiederholung: $P_w(n; k) = n^k$
Formeln für Permutationen	

		ohne Wiederholung	mit Wiederholung
	Anordnung von k Elementen (k ⩽ n)	$P(n; k) = \dfrac{n!}{(n-k)!}$	$P_w(n; k) = n^k$
	Anordnung aller n Elemente (k = n)	$P(n; n) = n!$	$P_w(n; n) = n^n$

Kombinationen

Begriff	Beschreibung
Kombination	Eine **Auswahl** von n unterscheidbaren Elementen auf k Plätze (ohne Berücksichtigung ihrer Anordnung) heißt **Kombination** dieser Elemente. Anzahl der Kombinationen von n Elementen auf k Plätze: $K(n; k) = \dfrac{n \cdot (n-1) \cdot (n-2) \cdot \ldots \cdot (n-k+1)}{k \cdot (k-1) \cdot \ldots \cdot 2 \cdot 1} = \dfrac{P(n; k)}{k!} = \dfrac{n!}{k! \cdot (n-k)!} = \dbinom{n}{k}$
Binomialkoeffizient	$\dbinom{n}{k} = \dfrac{n!}{k! \cdot (n-k)!}$ (sprich „n über k").
Symmetrieeigenschaft der Binomial- koeffizienten	$\dbinom{n}{k} = \dbinom{n}{n-k}$ $\dbinom{n}{0} = \dbinom{n}{n} = 1$ $\dbinom{n}{1} = \dbinom{n}{n-1} = n$

Wahrscheinlichkeitsrechnung

Begriff	Beschreibung	Darstellung
Zufallsexperiment	Ein **Zufallsexperiment** ist ein Vorgang mit folgenden Eigenschaften: ■ Es wird nach einer bestimmten Vorschrift ausgeführt. ■ Es lässt sich beliebig oft wiederholen. ■ Mehrere Ergebnisse sind möglich. ■ Ein Ergebnis lässt sich nicht mit Sicherheit vorhersagen.	
Ergebnisraum	Die Menge aller möglichen Ergebnisse eines Zufallsexperiments bildet den **Ergebnisraum Ω** (griechisch: Omega).	
Ereignis	Jede Teilmenge A des Ergebnisraumes Ω eines Zufallsexperiments heißt **Ereignis**, $A \subseteq \Omega$.	
Elementarereignis	Ein Ereignis mit genau einem Element heißt **Elementarereignis.**	
Sicheres Ereignis	Ein Ereignis, das bei jeder Durchführung des Zufallsexperiments eintritt, heißt **sicheres Ereignis Ω.**	
Unmögliches Ereignis	Ein Ereignis, das nie eintreten kann, heißt **unmögliches Ereignis {}.**	
Komplementärereignis, Gegenereignis	$\overline{A} = \Omega \setminus A$	
Und-Ereignis	$A \cap B$ A und B treten ein.	
Unvereinbare Ereignisse	$A \cap B = \{\}$ A und B schließen einander aus.	
Oder-Ereignis	$A \cup B$ Entweder A oder B oder beide treten ein.	

Klassische Definition der Wahrscheinlichkeit (Laplace-Experiment)	Ω endlicher Ergebnisraum mit **gleichwahrscheinlichen** Elementarereignissen A Ereignis $P(A) = \dfrac{\text{Anzahl der für A günstigen Ergebnisse}}{\text{Anzahl der möglichen Ergebnisse}} = \dfrac{|A|}{|\Omega|}$ $P(A)$ heißt **Wahrscheinlichkeit** des Ereignisses A.
Regeln und Sätze für die Wahrscheinlich-keitsrechnung	**Wahrscheinlichkeit von Ereignissen** $P(\Omega) = 1$ sicheres Ereignis $P(\{\,\}) = 0$ unmögliches Ereignis $0 \leqslant P(A) \leqslant 1$ $\{\,\} \subseteq A \subseteq \Omega$ **Additionssätze** $P(A \cup B) = P(A) + P(B)$ falls A und B einander ausschließen $P(A \cup B) = P(A) + P(B) - P(A \cap B)$ für beliebige Ereignisse **Wahrscheinlichkeit des Komplementärereignisses** $P(\overline{A}) = 1 - P(A)$
Statistische Definition der Wahrscheinlichkeit	Ein Zufallsexperiment wird n-mal wiederholt. Das Ereignis A sei f(n)-mal eingetreten. relative Häufigkeit: $h_n(A) = \dfrac{f(n)}{n}$ $P(A) \approx h_n(A)$
Axiomatische Definition der Wahrscheinlichkeit	$0 \leqslant P(A) \leqslant 1$ $P(\Omega) = 1$ $P(A \cup B) = P(A) + P(B)$ für einander ausschließende Ereignisse

Vierfeldertafel		A	$\overline{A}$	Σ
	B	$P(A \cap B) = p_1$	$P(\overline{A} \cap B) = p_3$	$P(B) = p_1 + p_3$
	$\overline{B}$	$P(A \cap \overline{B}) = p_2$	$P(\overline{A} \cap \overline{B}) = p_4$	$P(\overline{B}) = p_2 + p_4$
	Σ	$P(A) = p_1 + p_2$	$P(\overline{A}) = p_3 + p_4$	$p_1 + p_2 + p_3 + p_4 = 1$

Baumdiagramm, Ereignisbaum	E_1 Vorereignis E_2 Folgeereignis Die Wahrscheinlichkeit für ein Elementarereignis ist gleich dem Produkt der Wahrscheinlichkeiten entlang des zugehörigen Pfades. $P(E_1 \cap E_2) = p_1 \cdot p_2$ $\qquad$ $P(\overline{E_1} \cap E_2) = (1 - p_1) \cdot p_2^*$ $P(E_1 \cap \overline{E_2}) = p_1 \cdot (1 - p_2)$ $\qquad$ $P(\overline{E_1} \cap \overline{E_2}) = (1 - p_1) \cdot (1 - p_2^*)$ Sind E_1 und E_2 unabhängig, gilt: $p_2 = p_2^*$
Bedingte Wahrscheinlichkeit	$P(A|B) = \dfrac{P(A \cap B)}{P(B)}$ $\quad$ bedingte Wahrscheinlichkeit von A unter der Bedingung B
Unabhängige Ereignisse	Die Ereignisse A und B sind stochastisch unabhängig, wenn gilt: $P(A|B) = P(A)$ oder $P(B|A) = P(B)$ oder $P(A) \cdot P(B) = P(A \cap B)$
Multiplikationssatz für unabhängige Ereignisse	$P(A \cap B) = P(A) \cdot P(B)$
Multiplikationssatz für abhängige Ereignisse	$P(A \cap B) = P(A) \cdot P(B|A)$
Totale Wahrscheinlichkeit	$P(B) = P(B \cap A) + P(B \cap \overline{A}) = P(A) \cdot P(B|A) + P(\overline{A}) \cdot P(B|\overline{A})$ Die Ereignisse A und $\overline{A}$ bilden ein vollständiges Ereignissystem des Ereignisraums, d. h. $A \cap \overline{A} = \{\}$ und $A \cup \overline{A} = \Omega$.
Formel von Bayes	$P(A|B) = \dfrac{P(A) \cdot P(B|A)}{P(B)} = \dfrac{P(A) \cdot P(B|A)}{P(A) \cdot P(B|A) + P(\overline{A}) \cdot P(B|\overline{A})}$

Wahrscheinlichkeitsverteilungen

Begriff	Beschreibung
Zufallsvariable	Eine **Zufallsvariable X** ordnet jedem Ereignis eines Zufallsexperiments eine **Zahl** zu.
Diskrete Zufallsvariable	Eine **diskrete Zufallsvariable** nimmt abzählbar (endlich oder unendlich) viele Werte an.
Stetige Zufallsvariable	Eine **stetige Zufallsvariable** kann jeden beliebigen Wert eines Intervalls annehmen.

Diskrete Wahrscheinlichkeitsverteilungen

Begriff	Beschreibung
Wahrscheinlichkeits-funktion	Eine diskrete Zufallsvariable X kann die Werte $x_1, x_2, \ldots, x_k$ mit $x_1 < x_2 < \ldots < x_k$ annehmen. Die **Wahrscheinlichkeitsfunktion f** ordnet jedem Wert $x \in \mathbb{R}$ die entsprechende Wahrscheinlichkeit zu. $$f: x \mapsto \begin{cases} P(X = x_i) & \text{für } x = x_i \qquad i = 1, 2, \ldots, k \\ 0 & \text{für } x \neq x_i \end{cases}$$
Verteilungsfunktion	Die **Verteilungsfunktion F** einer Zufallsvariable X gibt die kumulierte Wahrscheinlichkeit an: Sie beschreibt die Wahrscheinlichkeit, dass die Zufallsvariable X höchstens den Wert x, also Werte kleiner gleich x, annimmt. $$F: x \mapsto P(X \leqslant x) = \sum_{x_i \leqslant x} P(X = x_i) = \sum_{x_i \leqslant x} f(x_i)$$
Erwartungswert	$$E(X) = \mu = \sum_{i=1}^{k} x_i \cdot P(X = x_i) = \sum_{i=1}^{k} x_i \cdot f(x_i)$$
Varianz	$$V(X) = \sigma^2 = \sum_{i=1}^{k} (x_i - \mu)^2 \cdot P(X = x_i) = \sum_{i=1}^{k} (x_i - \mu)^2 \cdot f(x_i)$$
Standardabweichung	$\sigma = \sqrt{\sigma^2}$
Bereichs-wahrscheinlichkeit	$P(a \leqslant X \leqslant b) = F(b) - F(a - 1)$
Binomialverteilung	Eine **Binomialverteilung** liegt vor, wenn ein Zufallsexperiment ■ zwei mögliche Ausgänge (Erfolg und Misserfolg) hat, ■ n-mal unabhängig wiederholt wird, ■ die Erfolgswahrscheinlichkeit p und die Misserfolgswahrscheinlichkeit $q = 1 - p$ immer gleich bleiben. Die Zufallsvariable **X = Anzahl der Erfolge**, $x \in \{0, 1, 2, \ldots, n\}$, heißt **binomialverteilt**, kurz **B(n; p)-verteilt** mit der Wahrscheinlichkeitsfunktion f mit $$f(x) = P(X = x) = \binom{n}{x} \cdot p^x \cdot (1 - p)^{n-x}$$ und der **Verteilungsfunktion F** mit $$F(x) = P(X \leqslant x) = P(X = 0) + P(X = 1) + \ldots + P(X = x) = \sum_{k=0}^{x} P(X = k) = \sum_{k=0}^{x} f(k)$$ Erwartungswert $\qquad\qquad\qquad E(X) = \mu = n \cdot p$ Varianz $\qquad\qquad\qquad\qquad\quad V(X) = \sigma^2 = n \cdot p \cdot (1 - p)$ Standardabweichung $\qquad\quad\; \sigma \;\; = \sqrt{n \cdot p \cdot (1 - p)}$

Hypergeometrische Verteilung	In einer Grundgesamtheit vom Umfang N haben M Elemente eine bestimmte Eigenschaft.
	Eine **hypergeometrische Verteilung** liegt vor, wenn ein Zufallsexperiment
	▪ zwei mögliche Ausgänge (Erfolg und Misserfolg) hat,
	▪ n-mal ohne Zurücklegen gezogen wird,
	▪ sich die Erfolgswahrscheinlichkeiten bei jeder Wiederholung ändert.

Die Zufallsvariable **X = Anzahl der Elemente aus der Stichprobe mit der Eigenschaft** für $x \in \{0, 1, 2, ..., n\}$ heißt **hypergeometrisch verteilt,** kurz $H(n; M; N)$-verteilt und besitzt die Wahrscheinlichkeitsfunktion f mit

$$f(x) = P(X = x) = \frac{\binom{M}{x} \cdot \binom{N-M}{n-x}}{\binom{N}{n}}$$

$$p = \frac{M}{N} \text{ heißt \textbf{Anteilswert.}}$$

N	Umfang der Grundgesamtheit
M	Anzahl der Elemente mit einer bestimmten Eigenschaft
n	Umfang der Stichprobe
x	Anzahl der Erfolge

Erwartungswert	$E(X) = \mu = n \cdot p$
Varianz	$V(X) = \sigma^2 = n \cdot p \cdot (1 - p) \cdot \frac{N-n}{N-1}$

Stetige Wahrscheinlichkeitsverteilungen

Begriff	Beschreibung
Dichtefunktion f	$f(x) \geqslant 0 \quad$ und $\quad \int_{-\infty}^{\infty} f(x)\, dx = 1$
Verteilungsfunktion F	$F(x) = P(X \leqslant x) = \int_{-\infty}^{x} f(t)\, dt$
Berechnung der Wahrscheinlichkeit für stetige Zufallsvariablen	$P(X \leqslant a) = P(X < a) = F(a)$ $P(a \leqslant X \leqslant b) = P(a < X \leqslant b) = P(a \leqslant X < b) =$ $= P(a < X < b) = F(b) - F(a)$
Erwartungswert	$E(X) = \mu = \int_{-\infty}^{\infty} x \cdot f(x)\, dx$
Varianz	$V(X) = \sigma^2 = \int_{-\infty}^{\infty} (x - \mu)^2 \cdot f(x)\, dx$
Standardabweichung	$\sigma = \sqrt{\sigma^2}$
Normalverteilung	Dichtefunktion f einer $(\mu; \sigma)$-normalverteilten Zufallsvariable X $f(x) = \frac{1}{\sigma \cdot \sqrt{2\pi}} \cdot e^{-\frac{1}{2} \cdot \left(\frac{x-\mu}{\sigma}\right)^2}$ Verteilungsfunktion F $F(x) = \frac{1}{\sigma \cdot \sqrt{2\pi}} \cdot \int_{-\infty}^{x} e^{-\frac{1}{2} \cdot \left(\frac{t-\mu}{\sigma}\right)^2}\, dt = \int_{-\infty}^{x} f(t)\, dt$

Eigenschaften der Normalverteilung	Der **Graph der Dichtefunktion (gaußsche Glockenkurve)** ■ hat nur **positive Funktionswerte**. ■ hat den **Flächeninhalt 1:** $\displaystyle\int_{-\infty}^{\infty} f(x)\,dx = 1$ ■ hat als **Asymptote** für $x \to \pm\infty$ die x-Achse, da $\displaystyle\lim_{x \to \pm\infty} f(x) = 0$. ■ hat genau einen **Hochpunkt** bei $x = \mu$. ■ hat **zwei Wendepunkte** an den Stellen $x = \mu - \sigma$ und $x = \mu + \sigma$. ■ ist **symmetrisch** bezüglich der Geraden mit der Gleichung $x = \mu$: $f(\mu - x) = f(\mu + x)$ Der **Graph der Verteilungsfunktion** ■ hat als **Asymptote** für $x \to -\infty$ die x-Achse und für $x \to \infty$ die Gerade $y = 1$. ■ hat einen **Wendepunkt** bei $x = \mu$.	■ $P(X \leqslant a) = \displaystyle\int_{-\infty}^{a} f(x)\,dx$ ■ $P(a \leqslant X \leqslant b) = \displaystyle\int_{a}^{b} f(x)\,dx$ ■ $P(X \leqslant a) = F(x)$ ■ $P(a \leqslant X \leqslant b) = F(b) - F(a)$
Standardisierung einer normalverteilten Zufallsvariablen X	Z ist die **standardisierte Zufallsvariable** der $N(\mu;\sigma)$-verteilten Zufallsvariable X. $X \mapsto Z = \dfrac{X - \mu}{\sigma}$	 $z = \dfrac{x - \mu}{\sigma}$
Standard-normalverteilung	Die $N(0;1)$-verteilte Zufallsvariable Z heißt **standardnormalverteilt**. Standardisierte Dichtefunktion: $\qquad \varphi(z) = \dfrac{1}{\sqrt{2\pi}} \cdot e^{-\frac{z^2}{2}}$ Standardisierte Verteilungsfunktion: $\qquad \Phi(z) = P(Z \leqslant z) = \displaystyle\int_{-\infty}^{z} \varphi(t)\,dt$	

Regeln zur Tabellenbenützung der standardisierten Verteilungsfunktion Φ für a, b > 0	$P(Z \leqslant a) = \Phi(a)$ $\qquad P(a \leqslant Z \leqslant b) = \Phi(b) - \Phi(a)$ $P(Z \geqslant a) = 1 - \Phi(a)$ $\qquad P(-a \leqslant Z \leqslant b) = \Phi(b) + \Phi(a) - 1$ $P(Z \leqslant -a) = \Phi(-a) = 1 - \Phi(a)$ $\qquad P(-a \leqslant Z \leqslant a) = 2 \cdot \Phi(a) - 1$
Berechnung von Wahrscheinlichkeiten mit der Φ-Tabelle	$P(X \leqslant x) = P\left(Z \leqslant \dfrac{x - \mu}{\sigma}\right) = \Phi\left(\dfrac{x - \mu}{\sigma}\right)$ $P(a \leqslant X \leqslant b) = P\left(\dfrac{a - \mu}{\sigma} \leqslant Z \leqslant \dfrac{b - \mu}{\sigma}\right) = \Phi\left(\dfrac{b - \mu}{\sigma}\right) - \Phi\left(\dfrac{a - \mu}{\sigma}\right)$
c-Streubereich	Ein symmetrisches Intervall $[\mu - a;\ \mu + a]$ um den Erwartungswert μ, in dem ein Wert der Zufallsvariablen X mit der Wahrscheinlichkeit c liegt, wird als **c-Streubereich** bezeichnet. Die Abweichung a heißt **Fehlertoleranz.** Es gilt: $P(\mu - a \leqslant X \leqslant \mu + a) = c$ Die Grenzen $\mu - a$ und $\mu + a$ heißen **Toleranzgrenzen.** Außerhalb des c-Streubereichs liegt der **Ausschussanteil** $\alpha = 1 - c$.
Fehlertoleranz	$a = z \cdot \sigma$ mit $z = \Phi^{-1}\left(\dfrac{c + 1}{2}\right)$
Zentrale Streubereiche	$P(\mu - 1 \cdot \sigma \leqslant X \leqslant \mu + 1 \cdot \sigma) = 0{,}683$ $P(\mu - 2 \cdot \sigma \leqslant X \leqslant \mu + 2 \cdot \sigma) = 0{,}954$ $P(\mu - 3 \cdot \sigma \leqslant X \leqslant \mu + 3 \cdot \sigma) = 0{,}997$

Häufig verwendete z-Werte für c-Streubereiche	Ausschussanteil α	$c = 1 - \alpha$	z-Wert
	10 %	90 %	1,645
	5 %	95 %	1,960
	1 %	99 %	2,576

Approximation der Binomialverteilung B(n; p) durch die Normalverteilung N(μ; σ)	Berechnung mit Binomialverteilung $\qquad\qquad$ Berechnung mit Normalverteilung $\quad P(U \leqslant X \leqslant O) \qquad\qquad \approx \qquad\quad P(U - 0{,}5 \leqslant X \leqslant O + 0{,}5)$ $\mu = n \cdot p$ $\sigma = \sqrt{n \cdot p \cdot (1 - p)}$ Laplace-Bedingung: $n \cdot p \cdot (1 - p) > 9$
c-Streubereich für relative Häufigkeit h(n)	Die relative Häufigkeit h(n) liegt mit der Wahrscheinlichkeit c im Intervall $\left[p - z \cdot \sqrt{\dfrac{p \cdot (1-p)}{n}};\ p + z \cdot \sqrt{\dfrac{p \cdot (1-p)}{n}}\right]$ $\qquad$ mit $z = \Phi^{-1}\left(\dfrac{c+1}{2}\right)$.

Funktionswerte Φ(z) der Standardnormalverteilung

z	0	1	2	3	4	5	6	7	8	9
0,0.	0,5000	0,5040	0,5080	0,5120	0,5160	0,5199	0,5239	0,5279	0,5319	0,5359
0,1.	0,5398	0,5438	0,5478	0,5517	0,5557	0,5596	0,5636	0,5675	0,5714	0,5753
0,2.	0,5793	0,5832	0,5871	0,5910	0,5948	0,5987	0,6026	0,6064	0,6103	0,6141
0,3.	0,6179	0,6217	0,6255	0,6293	0,6331	0,6368	0,6406	0,6443	0,6480	0,6517
0,4.	0,6554	0,6591	0,6628	0,6664	0,6700	0,6736	0,6772	0,6808	0,6844	0,6879
0,5.	0,6915	0,6950	0,6985	0,7019	0,7054	0,7088	0,7123	0,7157	0,7190	0,7224
0,6.	0,7257	0,7291	0,7324	0,7357	0,7389	0,7422	0,7454	0,7486	0,7517	0,7549
0,7.	0,7580	0,7611	0,7642	0,7673	0,7704	0,7734	0,7764	0,7794	0,7823	0,7852
0,8.	0,7881	0,7910	0,7939	0,7967	0,7995	0,8023	0,8051	0,8078	0,8106	0,8133
0,9.	0,8159	0,8186	0,8212	0,8238	0,8264	0,8289	0,8315	0,8340	0,8365	0,8389
1,0.	0,8413	0,8438	0,8461	0,8485	0,8508	0,8531	0,8554	0,8577	0,8599	0,8621
1,1.	0,8643	0,8665	0,8686	0,8708	0,8729	0,8749	0,8770	0,8790	0,8810	0,8830
1,2.	0,8849	0,8869	0,8888	0,8907	0,8925	0,8944	0,8962	0,8980	0,8997	0,9015
1,3.	0,9032	0,9049	0,9066	0,9082	0,9099	0,9115	0,9131	0,9147	0,9162	0,9177
1,4.	0,9192	0,9207	0,9222	0,9236	0,9251	0,9265	0,9279	0,9292	0,9306	0,9319
1,5.	0,9332	0,9345	0,9357	0,9370	0,9382	0,9394	0,9406	0,9418	0,9429	0,9441
1,6.	0,9452	0,9463	0,9474	0,9484	0,9495	0,9505	0,9515	0,9525	0,9535	0,9545
1,7.	0,9554	0,9564	0,9573	0,9582	0,9591	0,9599	0,9608	0,9616	0,9625	0,9633
1,8.	0,9641	0,9649	0,9656	0,9664	0,9671	0,9678	0,9686	0,9693	0,9699	0,9706
1,9.	0,9713	0,9719	0,9726	0,9732	0,9738	0,9744	0,9750	0,9756	0,9761	0,9767
2,0.	0,9772	0,9778	0,9783	0,9788	0,9793	0,9798	0,9803	0,9808	0,9812	0,9817
2,1.	0,9821	0,9826	0,9830	0,9834	0,9838	0,9842	0,9846	0,9850	0,9854	0,9857
2,2.	0,9861	0,9864	0,9868	0,9871	0,9875	0,9878	0,9881	0,9884	0,9887	0,9890
2,3.	0,9893	0,9896	0,9898	0,9901	0,9904	0,9906	0,9909	0,9911	0,9913	0,9916
2,4.	0,9918	0,9920	0,9922	0,9925	0,9927	0,9929	0,9931	0,9932	0,9934	0,9936
2,5.	0,9938	0,9940	0,9941	0,9943	0,9945	0,9946	0,9948	0,9949	0,9951	0,9952
2,6.	0,9953	0,9955	0,9956	0,9957	0,9959	0,9960	0,9961	0,9962	0,9963	0,9964
2,7.	0,9965	0,9966	0,9967	0,9968	0,9969	0,9970	0,9971	0,9972	0,9973	0,9974
2,8.	0,9974	0,9975	0,9976	0,9977	0,9977	0,9978	0,9979	0,9979	0,9980	0,9981
2,9.	0,9981	0,9982	0,9982	0,9983	0,9984	0,9984	0,9985	0,9985	0,9986	0,9986
3,0.	0,9987	0,9987	0,9987	0,9988	0,9988	0,9989	0,9989	0,9989	0,9990	0,9990
3,1.	0,9990	0,9991	0,9991	0,9991	0,9992	0,9992	0,9992	0,9992	0,9993	0,9993
3,2.	0,9993	0,9993	0,9994	0,9994	0,9994	0,9994	0,9994	0,9995	0,9995	0,9995
3,3.	0,9995	0,9995	0,9995	0,9996	0,9996	0,9996	0,9996	0,9996	0,9996	0,9997
3,4.	0,9997	0,9997	0,9997	0,9997	0,9997	0,9997	0,9997	0,9997	0,9997	0,9998
3,5.	0,9998	0,9998	0,9998	0,9998	0,9998	0,9998	0,9998	0,9998	0,9998	0,9998
3,6.	0,9998	0,9998	0,9999	0,9999	0,9999	0,9999	0,9999	0,9999	0,9999	0,9999
3,7.	0,9999	0,9999	0,9999	0,9999	0,9999	0,9999	0,9999	0,9999	0,9999	0,9999
3,8.	0,9999	0,9999	0,9999	0,9999	0,9999	0,9999	0,9999	0,9999	0,9999	0,9999
3,9.	1,0000	1,0000	1,0000	1,0000	1,0000	1,0000	1,0000	1,0000	1,0000	1,0000

Stichwortverzeichnis